编审委员会

JIANSHE XIANGMU HUANJING YINGXIANG PINGJIA WURANYUAN FENXI ANLI

建设项目环境影响评价污染源分析案例

李文胜　主编　　　谢峻铭　黄　华　副主编

化学工业出版社

·北京·

本书选取房地产、生猪养殖、锅炉、煤气发生炉、家具生产、鞋用胶黏剂、印染、电镀、水泥等典型行业建设项目，在介绍行业背景的基础上，通过实际工程案例的分析进行工艺及产污环节分析，阐述污染源分析工作的流程和重点。以便学习者扎实掌握污染源分析的方法。本书可使学习者更快掌握生产工艺流程的分析方法，具备污染产生机理分析能力，进而掌握典型建设项目污染源分析及核算方法，为日后从事建设项目环境影响评价以及污染物总量核算、排污许可证核发和环境管理等环保相关工作奠定专业基础。

本书为高等学校和职业院校环境类、安全类以及相关专业学生的教材，也可供环境科学与工程、安全工程、市政工程和水利工程等领域相关专业科研人员、工程技术人员及政府相关部门管理人员参考。

图书在版编目（CIP）数据

建设项目环境影响评价污染源分析案例/李文胜主编. —北京：化学工业出版社，2017.8（2023.1 重印）
ISBN 978-7-122-30074-4

Ⅰ.①建… Ⅱ.①李… Ⅲ.①基本建设项目-环境影响-评价-污染源-分析-案例 Ⅳ.①X820.3

中国版本图书馆 CIP 数据核字（2017）第 158255 号

责任编辑：王文峡　　装帧设计：王晓宇
责任校对：宋　玮

出版发行：化学工业出版社（北京市东城区青年湖南街 13 号　邮政编码 100011）
印　　装：天津盛通数码科技有限公司
850mm×1168mm　1/32　印张 8½　字数 220 千字
2023 年 1 月北京第 1 版第 5 次印刷

购书咨询：010-64518888
售后服务：010-64518899
网　　址：http://www.cip.com.cn
凡购买本书，如有缺损质量问题，本社销售中心负责调换。

定　　价：29.00 元

前言
Foreword

建设项目环境影响评价工作中，污染源分析是工程分析中的重点，进行准确合理的污染源分析是环境空气、地表水、噪声、固体废物、环境风险等影响预测与评价的前提。本书选取了锅炉、煤气发生炉、房地产、生猪养殖、家具制造、鞋用胶黏剂生产、印染、电镀、水泥等具有代表性的项目，在介绍行业背景的基础上，通过实际工程案例的分析，阐述污染源分析工作的流程、重点。

本书选取了典型行业建设项目进行工艺及产污环节分析，充分开发学习资源，使学习者能扎实掌握污染源分析的方法。

本书的目的是让学习者掌握生产工艺流程的分析方法，具备污染产生机理分析能力，进而掌握典型建设项目污染源分析及核算方法，为日后从事建设项目环境影响评价以及污染物总量核算、排污许可证核发和环境管理等环保相关工作奠定专业基础。

本书由广东环境保护工程职业学院李文胜任主编，负责整体构思以及案例一、案例二的编写。广东环境保护工程职业学院谢峻铭任副主编，负责统稿、整体修订以及案例三、案例四的编写。佛山南风环保技术有限公司季猛猛负责案例五、案例六的编写。广东环境保护工程职业学院黄华任副主编，负责案例七、案例八的编写。广东省环境保护职业技术学校覃佩琛负责案例九的编写。广东环境保护工程职业学院陈泽宏负责案例一、案例二的修订工作，郭璐璐负责教材案例三、案例四的修订工作，李豪负责案例五、案例六的修订工作，邓康负责案例七、案例八的修订。广州市怡地环保有限公司刘剑洪负责案例九的修订。

由于编写时间较短，编者的水平及知识面有限，书中疏漏与不当之处，恳请读者批评指正。

编者

2017 年 6 月

目录

CONTENTS

案例一　房地产项目污染源分析案例

一、行业背景

1. 房地产建设项目特点

随着经济的发展，城市房地产建设突飞猛进，已经成为我国经济发展中非常突出的一个热点，它在促进经济社会发展的同时，带来的环境问题也日益突出。因此，作为房地产开发项目环境管理的重要制度，房地产开发项目环境影响评价显得越来越重要。

房地产开发项目环境影响评价是指对房屋建设过程及建成使用过程对环境产生的物理性、化学性或生物性的作用及其造成的环境变化和对人类健康可能造成的影响进行系统分析和评估，并提出减少这些影响的对策措施。

房地产开发建设项目的主要类型包括住宅、写字楼、酒店、公寓、商业、金融等建筑工程，其对环境的影响具有两重性：一方面，项目在建设过程及建成使用中自身产生的废水、废气、噪声、固体废物等排放对外部环境产生的不利影响，存在环境污染问题；另一方面，房地产项目又是居住、休闲、工作的场所，需要舒适、安静的环境，属于被保护的对象。因此房地产开发项目的环境影响评价，既要评价它对外环境的影响，还要评价外部环境对建设项目的环境影响。这是房地产项目与其他类型项目环境影响评价的一个重要区别点。

2. 房地产建设项目环境影响评价重点

(1) 工程分析

① 施工流程及产污环节

A. 三通一平　建筑垃圾、施工扬尘、施工机械产生的噪声和尾气。

B. 地基开挖　地基土、施工扬尘、施工机械产生的噪声和尾气。

C. 填土夯实　施工扬尘、施工机械产生的噪声和尾气。

D. 钻孔灌注桩　施工扬尘、施工机械产生的噪声和尾气，混凝土浇灌时的砂浆水。

E. 现浇　搅拌机产生的噪声、尾气，浇筑混凝土产生的砂浆水，混凝土养护排水，废钢筋等。这里需要注意，混凝土是现场搅拌混凝土还是商品混凝土。

F. 砖墙砌筑　搅拌机产生的噪声、尾气，拌制砂浆时的砂浆水、废砂浆等固体废物。

G. 屋面制作　搅拌机产生的噪声、尾气，拌制砂浆时的砂浆水，碎砖瓦、废砂浆和废弃的防水剂包装桶等建筑废料。

H. 管线安装　对墙壁进行敲打、钻孔时产生的噪声、粉尘，以及碎砖块等固体废物。

I. 抹灰、贴面　搅拌机产生的噪声、尾气，拌制砂浆时的砂浆水，废砂浆和废弃的涂料及包装桶等固体废物。

J. 油漆施工　油漆挥发产生的有机废气。

K. 附属工程（包括道路、围墙、化粪池、窨井、下水道等施工） 拌制砂浆时的砂浆水，施工机械的噪声和尾气，废砂浆和废弃的下脚料等建筑垃圾。

施工全程都产生工人的生活污水和生活垃圾，运输车辆行驶产生的二次扬尘和尾气。

② 主要施工设备　房地产建设项目选用的主要施工设备见表 1-1。

表 1-1　主要施工设备

阶段	设备名称
土石方	推土机、挖掘机、装载机、压路机、打夯机
打桩	钻孔机、打桩机
结构	搅拌机、振捣棒、电锯、塔吊、卷扬机
装修	吊车、升降机

施工期不同施工机械的噪声水平相差很大，典型施工机械的噪声水平引用《噪声与振动控制工程手册》中的数据，具体见表 1-2。

表 1-2　典型施工机械的噪声水平

序号	设备名称	测点与设备的距离/m	A 声级/dB(A)
1	打桩机	15	85.0
2	挖掘机	15	79.0
3	推土机	3	85.5
4	搅拌机	3	78.3
5	翻斗机	3	80.7
6	装卸机	5	85.0
7	夯土机	15	83
8	起重机	8	76
9	卡车	15	85
10	电锯	15	84
11	空压机	15	92.0
12	风镐	1	102.5

(2) 环境影响分析

① 施工期环境影响分析　施工期环境污染问题是房地产项目环境评价的重点。主要包括施工弃土、扬尘、废水、噪声、水土流失五个问题。

A. 施工弃土量可根据挖方、填方的土石方平衡通过计算获得，落实弃土堆存场地，分析弃土运输线路的合理性，提出防护措施。

B. 施工扬尘的影响分析，对于大型项目，应根据挖、填方量定量预测扬尘对大气环境的影响，小型项目可简化，只作一般性分析。同时提出切实可行的减轻扬尘污染的措施。

C. 废水影响分析，应包括施工人员生活污水和施工废水两部分。

施工人员生活污水包括施工人员的盥洗水、冲厕水、食堂排水等，可根据施工场地的实际情况分析：如果项目位于城区，生活污水可进入城市污水管道；如果项目位于农村，可建议采用旱厕等方式。

施工废水主要包括：水泥搅拌过程产生的砂浆水，结构阶段混凝土养护排水，开挖和钻孔产生的泥浆水，机械设备运转的冷却水和冲洗水等。废水主要污染物为泥沙、悬浮物等。此外，施工作业使用的燃油动力机械在维护和冲洗时，将产生含少量悬浮物和石油类等污染物的废水。对于施工废水，一般应设置临时沉淀池，经过沉淀后循环使用。

D. 施工噪声影响分析，对于大型项目，应根据施工机械的种类和数量，分析声源强度，定量预测对场界和敏感点的影响，小型项目可从简只作一般性分析。施工噪声环境影响评价中，应按照《建筑施工场界环境噪声排放标准》（GB 12523—2011）要求，提出具体的对策措施。

E. 水土流失影响分析　根据项目地形地质，预测水土流失情况，提出水土保持方案。

② 运营期环境影响分析　营运期环境污染问题主要包括生活污水、废气、垃圾、噪声。

A. 污水　主要是居民生活污水。评价工作应根据房地产建设项目性质和特点作相应的用排水平衡分析，明确建设项目污水产生量、排放量及排污去向。

位于城区内的房地产项目，一般生活污水进入城市污水管道，可不进行定量的环境影响预测，但需分析城市污水处理厂的纳污范围、设计处理量、目前实际处理量、接纳本项目污水的可行性等相关内容。如果生活污水直接排入地表水，对于大型项目，则应进行定量环境影响预测与评价。小型项目作一般性分析。

需特别指出的是，生活污水如果可以排入城市污水处理厂，则只需经化粪池处理后达到《污水综合排放标准》(GB 8978—1996)的三级标准即可；如果建设项目选址位置尚未有完善的市政排水管网，不能将污水排入城市污水处理厂的，应当依据废水水质、水量特征建设污水处理站，污水处理设施应在项目建设过程中同时设计、同时施工、同时运行。

B. 废气　房地产开发项目的废气污染物主要来源于采暖供热供汽锅炉的燃料燃烧废气、地下停车库集中排放的汽车尾气及厨房产生的烹调油烟等。对这些污染源进行环境影响分析，并提出相应的污染防治措施。其中供热废气为锅炉废气，需尽量采用清洁燃料，设置脱硫除尘装置，减少烟尘、SO_2、NO_x 对环境的污染。对于厨房油烟，需提出处理措施，如安装油烟净化装置等。对于地下停车场废气，应分析风机位置、排风口的朝向、排风方式等。

C. 生活垃圾　营运期生活垃圾的一般处理措施是送垃圾场处理，但需重视垃圾收运站的位置和收运规模的合理性分析。

D. 噪声　营运期噪声包括水泵泵房、地下停车场风机、备用发电机、空调机组产生的噪声等，环境影响评价报告中应列出声源位置、设备名称、源强，采用公式进行计算，大型项目需进行定量分析噪声对环境的影响，小型项目进行定性分析，提出合理的声源布置方案和控制要求。

③ 生态影响分析

A. 生态环境影响　一般来说，在城区内建设房地产开发项目对生态环境的影响较小，仍存在生态影响问题。如建筑密度偏高，就会增加能耗、水耗、通流量和地面不透水性面积，增大了城市的热岛效应。在小区绿化带或小区院落内扩建居民楼，也会产生一定的问题，与小区生态化的建设方向产生矛盾，将可能影响小区的生态建设。

随着国家经济发展、城市发展、人口的增加和生活水平的提高，房地产开发也逐渐从市区向郊区发展，尤其大面积的区域房地产开发项目必须考虑生态影响。这些用地原来为农用地或是荒野地、水洼地，如果进行持续大面积的改造，将会对整个生态带来较大的影响，应引起重视，在环境影响评价报告中应结合项目进行分析。

工程建设直接占地导致土地利用现状的改变。评价工作应通过现场调查和资料调研，掌握评价区的植被情况、植物种类等，特别是项目占用场地目前是农田、林地或其他用地，分析项目建成后植被和绿化率变化，项目建设是否对珍稀树木造成破坏并提出生态影响减缓措施。

在大型房地产环境影响评价中，评价对生态质量的影响关键是建立的合适生态质量评价指标体系，选择评价指标应突出城市生态的特点，与城市生态质量相关，体现能量和物质的循环。与房地产环境影响密切相关的主要为以下六项指标：人口密度、经济密度、路网密度、绿化覆盖率、噪声扰民程度、大气环境质量指数。这六项指标对生态质量的影响程度是不同的。在选择好评价指标后，可采用层次分析法确定各指标的权重值。

大型房地产的开发建设、城市的发展，导致人工建构筑物高度集中，砖石、沥青等坚硬、密实、干燥而不透水的建筑材料代替了原来疏松和覆盖植物的潮湿土壤。高耸的屋顶和低平的路面，使城市的轮廓线忽升忽降，几何形状与郊区大不相同。加之密集的人群活动所散发的大量热量及污染物，将加剧城市的热岛效应，影响局地小气候。研究表明，在夏季，一定面积的水面和绿地具有消暑降温的作用，特别是城市建成区内的水体周围，常常是城市热岛中的一个低温区。因此，大型房地产建设项目可通过保留原有的水面，以及尽可能扩大绿地覆盖率，减缓项目对局地小气候的不利影响。

房地产开发项目的水土流失影响，一般在平原地区较小，在丘陵及山区较大，应根据项目规模大小进行分析。大型项目或特别敏感项目（涉及特殊环境功能区）应根据气象和地理条件进行定量预测，提出较详细的水土保持措施。

B. 景观环境影响　从建筑高度、建筑造型、建筑色彩等方面分析开发项目与周边建筑的协调性，分析评价项目建设对城市景观的有利和不利影响。

④ 光遮挡与光污染　采光权、通风权和隐私权是人对居住环境的基本要求，而多层和高层建筑的崛起，将会影响附近低矮住户的这些权利，应采取必要的保护措施。

对于那些具有玻璃幕墙、无线发射基站等的特殊建筑，还应考虑光污染和电磁波辐射的影响。光污染包括白亮污染、人工白昼和彩光污染。灯光工程不能没有，但也不可过量，应掌握适度，这个“适度”是评价的难点，应采取措施加强对敏感目标的保护。

（3）其他环境影响评价重点

① 项目选址合理性　项目选址必须符合城市规划，符合相应功能区规划。环境影响评价报告中必须提供项目选址的相关依据，如开发区用地意向文件、规划审批部门的意见等。对于城市规划区以外的项目和涉及风景名胜区等特殊功能区的项目，还应符合相应功能区规划（如风景名胜区规划等）。

现状调查是环境影响评价的基础，通过现状调查判断选址的适宜性。

首先，必须判断拟建设场址是否已受到污染，即原有场地是否给建设项目带来环境问题，场址是否适宜建设对环境质量要求较高的房地产开发项目。例如原有企业搬迁，将原来的工业用地转变为居住用地，在不加处置的情况下可能会对未来居住的人群产生不良影响。所以，必须按照原国家环境保护总局发布的《关于切实做好企业搬迁过程中环境污染防治工作的通知》，核实土壤、地下水环境质量现状，若存在环境问题则必须根据监测报告分析并提出治理措施，彻底消除不良影响。

其次，必须调查房地产开发项目周围存在的各种污染源情况，分析评价其对建设项目的影响程度并提出治理措施，消除不良影响。例如交通噪声污染、微波发射塔和输电线路等产生的电磁辐射污染，周边是否存在较大的工业污染源、餐饮业产生的油烟、各种异味污染源等，将调查情况列表统计，明确与项目的距离，并对其影响程度进行分析评价。

② 设计方案合理性分析　项目设计布局合理和具有景观、美学价值，是做好房地产项目环境保护工作的目的，直接关系到人居舒适度。项目设计布局的合理性分析应考虑内部和外部环境情况，主要分析停车场、垃圾收运站、备用发电机房、污水处理站、道路等布局是否对内部和外部居民生活造成影响，还需分析项目对外部居民通风、采光及交通等造成的影响，作出分析评价并提出建议。

根据建设方案，项目分为主体工程和附属工程。主要技术经济指标包括总占地面积、总建筑面积、建筑高度、建筑密度、容积率、绿地率等控制指标及交通出入口、停车场、建筑退让红线距离、建筑物平面距离等。所有这些指标应以列表形式叙述，可直观地反映项目的技术经济合理性。

总体布局应遵循的基本原则包括以下几点。

A. 符合城市总体规划的要求：符合统一规划、合理布局、因地制宜、综合开发、配套建设的原则。

B. 综合考虑所在城市的性质、气候、民族、传统风貌等地方特点和规划用地周围的环境条件，充分利用规划用地内有保留价值的河湖水域、地形地貌、植被、道路、建筑物与构筑物等。

C. 适应居民的活动规律，综合考虑日照、采光、通风、防灾、配套设施及管理要求，创造方便、舒适、安全、优美的居住生活环境。

D. 为老年人、残疾人的生活和社会活动提供良好的条件。

E. 建筑应体现地方风俗民情、突出个性，群体建筑与空间层次应在协调中求变化。

F. 合理设计公共服务设施，避免烟、气（味）、尘及噪声等对居民的污染和严生干扰景观和空间的完整性，市政共用站点、停车库等小建筑宜与住宅或公共建筑结合并合理安排，供电、电信、路灯干管宜采用地下埋设，公共活动空间的环境设计应处理好建筑、道路、广场、院落、绿地和建筑小品之间及其与人的活动之间的相互关系。

设计方案的重点要素包括建筑的实用性、设施的完善性和方便性、道路系统的畅通、安全性和小区域划分、环境清洁和安静性因素、人员交流、景观设计、经济因素。

③ 外环境对房地产开发项目产生的环境影响　房地产开发项目不是独立存在的，而是与周围其他的功能区存在一定的联系。房地产开发项目环境影响评价不但要评价项目本身对外环境的影响，更需评价周围环境对项目建设的适宜条件和制约因素，并提出相应的防护措施。

房地产开发项目周围环境存在较大的差异，对房地产建设项目的环境影响也不尽相同。主要外环境影响因素有：交通噪声和设备噪声；微波发射塔、高压线、变电站等电磁污染；环境影响较大的工业污染源；餐饮业油烟等异味污染。这些环境影响的分析与保护措施同其他项目一样，只不过保护的敏感目标是房地产建筑及其居民。

二、案例分析

某房地产项目位于广东省某市的中心城区，属于综合类型的房地产开发项目，包括有住宅、商业大楼、商场与客运站等。

1. 项目概况

(1) 建设规模

项目占地面积 52597m^2，总建筑面积 490000m^2，其中地上建筑面积 333880m^2，地下建筑面积 156120m^2。预计居住户（套）数约 1200 户。

(2) 建设内容

项目共有 6 座住宅大楼及 2 座商业大楼（住宅大楼及商业大楼

都是位于4层商场裙楼之上），最高层均为51层。地下二层（B2、B3）为住宅停车场。

商业区总面积为169434m²。包括地面4层（L1、L2、L3、L4）裙楼共139000m²和地下1层（B1）30434m²。

本项目之汽车客运站共有60个车位、发车平台、落客区、停车场及其他配套设施如餐饮、候车室、售票厅等，总面积共45300m²。项目具体的建设内容见表1-3。

表1-3　项目主要建设内容

建筑物名称		最高层数	功能	备注
住宅楼	6栋	51层	住宅	住宅大楼及商业大楼均位于4层商场裙楼之上
商业大楼	2栋	51层	商务	
商业区		4层	商业	商业区总面积为169434m²。包括地面4层裙楼共139000m²和地下1层30434m²。含办公、餐饮、娱乐、电影院等 游泳池面积800m²
客运站		3层	交通运输	包括地面2层和地下1层，共有45个车位，配套有发车平台、落客区、停车场及餐饮、候车室、售票厅等，总面积共45300m²
停车场		地下2层	住宅停车	地下2层，车位2350个
垃圾收集站		1层	环卫	项目西北角，面积为145m²

（3）辅助工程

① 供电系统　本项目之住宅大楼及商业大楼应定为一类高层（19层及以上），消防系统等设施及主要用电设备皆属于一级负荷，故进线供电电源采用一级模式配置。

② 应急电源系统　项目自备5台柴油发电机作为应急电源，以确保所有消防负荷及一级负荷中特别重要负荷在市电供电中断后仍能正常工作。

（4）给排水

① 给水　本项目全部用水均来自市政自来水管网，主要包括生活用水、办公商业用水、餐饮用水、客运站用水、垃圾收集站冲洗用水、绿化洒水和游泳池用水等，总用水量约4269.78t/d，项目用水情况见表1-4。

表1-4　项目用水量核算表

序号	用水项目	使用数量	用水标准	用水量	
				m^3/d	m^3/a
1	住宅	3600人	200L/(d·人)	720	262800
2	办公商业	$169434m^2$	$0.008m^3/(m^2·d)$	1355	494575
普通生活用水小计				2075	757375
3	客运站旅客	3万人次	3L/(人·次)	90	32850
4	客运站员工（有食堂）	150人	80L/(人·d)	12	4380
5	商业	$26082m^2$	$0.008m^3/(m^2·d)$	209	76285
6	汽车冲洗	1500次(按50%冲洗计)	80L/(辆·次)	60	21900
7	未预见水量		每日用水量的10%	37	13505
客运站用水小计				408	148920
8	餐饮	$16215m^2$ 10811位	151L/(位·d)	1632.5	595862.5
9	垃圾站	$145m^2$	$5m^3/d$	5	1825
10	绿化浇洒	$12000m^2$	$0.0013m^3/(m^2·d)$	15.6	5694
11	游泳池换水	$800m^3$	补水量为5%	10.2	3723
12	冷却塔补充及排放	$10m^3/h$	12h/d	120	43800
合计				4266.3	1557199.5

注：用水标准取自《广东省用水定额》《建筑给水排水设计规范》。

② 排水　本项目排水系统采用雨、污水分流系统，项目内雨水经雨水管网排入市政雨水管道。

根据《环境影响评价技术导则》5.2.1条和广东省《水污染物排放限值》（DB 44/26—2001）3.2条，游泳池排水不计入污水排放量中。

项目粪便污水（包括居民和公厕的粪便污水）先经三级化粪池处理。

餐饮含油污水经隔油隔渣处理。

客运站洗车含油污水经隔油沉淀池预处理。

垃圾收集点冲洗污水经沉淀池处理。

上述经预处理污水与其他生活污水一起进入市政污水管道，经沙岗污水处理厂集中处理，尾水经市政管网进入澜石大涌。

③ 项目水平衡　见图1-1。

（5）燃气工程

本项目使用管道天然气供气，采用燃气低压管在小区内形成环网供气，引入户后形成支网供气。

（6）垃圾收集系统

小区垃圾临时堆放在垃圾收集点，定时由环卫部门收集外运处理。

2. 污染源分析

本项目建设和投入使用后对周围环境可能产生的影响主要有：住宅区日常生活污水、商业服务和公共配套设施产生的污水、客运站污水、垃圾收集站冲洗污水；居民厨房产生的油烟、发电机组燃油产生的废气、客运站废气、垃圾站臭气以及机动车辆尾气；备用发电机组和水泵运行时产生的噪声、各类风机噪声；日常生活垃圾、客运站废物等固体废物。

（1）水污染源

项目投入使用后产生的污水主要包括住宅区生活污水、商业办公污水、客运站污水、公共配套设施污水和垃圾收集站冲洗污水等几个部分。商业餐饮等因素尚未能在本阶段确定，需按项目投产后的实际情况另行进行单个的餐饮业环境影响评价。

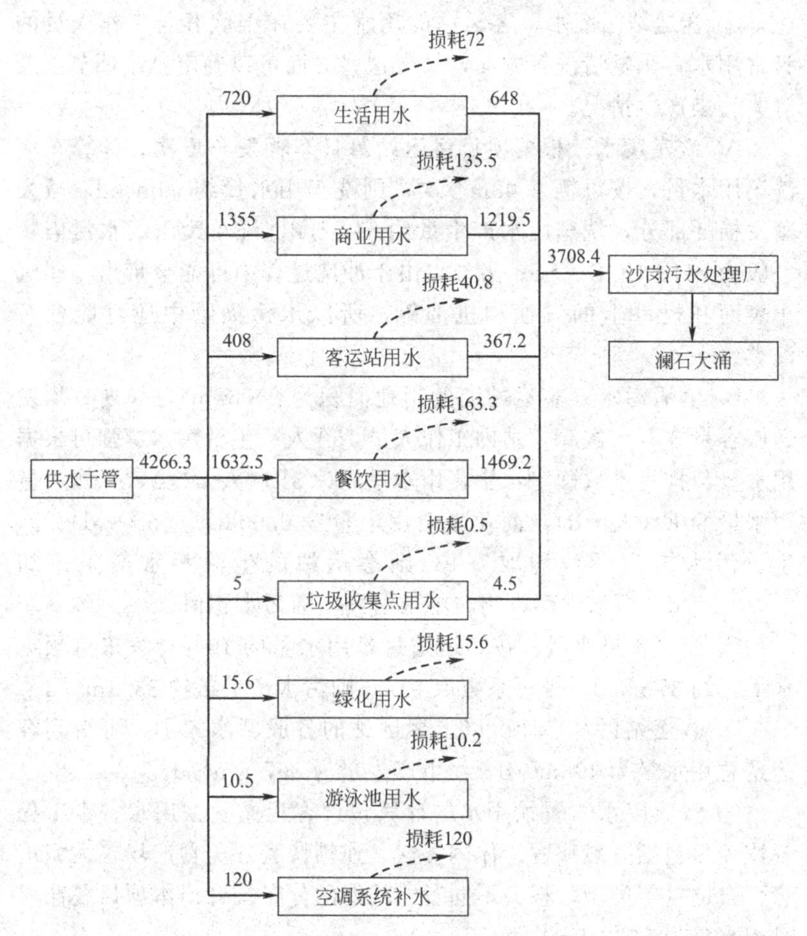

图 1-1　项目给排水平衡图（单位：m^3/d）

① 生活污水　根据小区用水量，排污系数取 0.9，居民生活污水产生总量约为 $648m^3/d$。

根据办公商业用水量，排污系数取 0.9，则办公商业污水产生量为 $1219.5m^3/d$。

由以上两项相加得到本项目生活污水产总量为 $1867.5m^3/d$。生活污水的主要污染物为常见的 COD、BOD、SS、氨氮等。

② 客运站污废水　客运站的用水主要在于旅客与工作人员的日常用水，车辆清洗等方面，结合这些方面可以确定排水环节以及有关污染产生情况。

A. 洗车废水　根据项目客运站每日车辆发车班次，计算车辆洗车用水量，按每辆 $0.08m^3$/次，则洗车用水量约 $60m^3/d$，减去蒸发损耗部分，洗车废水产生量约 $54m^3/d$。洗车废水的水污染物一般为pH、COD、SS；另外，由于冲洗过程中可能会带出一些汽车表面和机件上的汽油和机油等，所以水污染物中还可能含石油类。

B. 生活污水　客运站商业用地面积为 $26082m^2$，规划日均发送旅客量3万人次/d，站内工作人员150人。生活污水源强可根据用水量与排污系数确定：旅客用水量约为3L/(人·次)，工作人员用水量80L/(人·d)，商业生活用水量按 $0.008m^3/(m^2 \cdot d)$ 计；生活污水排污系数均取0.9，则客运站的生活污水产生量约 $279.9m^3/d$。污水中污染物与小区居民生活污水相似。

C. 未可预见水量　按客运站每日用水量的10%计算未可预见水量，约 $37m^3/d$。排污系数取0.9，则污水产生量约 $33.3m^3/d$。

D. 客运站污水小计　以上客运站的各股污水累加，可得到客运站总用水量为 $408m^3/d$，污水产生量为 $367.2m^3/d$。

③ 餐饮废水　餐饮用水的计算包含客运站餐饮用水。本工程餐饮项目包括一般快餐、休闲餐饮、连锁快餐、美食广场、大型正餐、自助餐等类型，根据不同餐饮功能的分布统计出本项目餐饮项目用水量为 $1632.5m^3/d$。

餐饮废水排放量按用水量90%计算，餐饮含油废水排放量 $1469.2m^3/d$。污染物COD、SS、氨氮和动植物油分别按300mg/L、200mg/L、40mg/L和40mg/L计。

④ 垃圾收集站冲洗用水　生活垃圾收集点每天进行清洗，该部分新鲜水用量为 $5m^3/d$，冲洗用水的蒸发损耗按用水量的10%计，则产生冲地清洗污水量为 $4.5m^3/d$。

⑤ 项目废水排放情况　见表1-5。

表 1-5　项目废水排放情况

污水类型	污染源	规模	用水系数	用水量/(m^3/d)	排污系数	排水量/(m^3/d)
生活污水	居民生活污水	3600 人	0.20m^3/(人·d)	720	90%	648
	商业污水	169434m^2	0.008m^3/(m^2·d)	1355		1219.5
	小计	—	—	2075		1867.5
客运站污水	洗车废水	—	—	60		54
	生活污水	—	—	348		313.2
	小计	—	—	408		367.2
餐饮废水	餐饮项目	16215m^2 10811 位	151L/(位·d)	1632.5		1469.2
垃圾收集站污水	垃圾收集点	1 个垃圾收集点	5m^3/d	5		4.5
绿化水	绿化水	12000m^2	0.0013m^3/(m^2·d)	15.6	0	0
游泳池	游泳池补水	800m^3	10m^3/d	10.2	0	0
空调系统水	空调补水	—	100m^3/h	120	0	0
总计	—	—	—	4266.3	—	3708.4

⑥ 项目水污染源情况　见表 1-6。

表 1-6　项目水污染物产生及排放一览表

废水量	污染物		COD	BOD_5	SS	LAS	动植物油	氨氮
生活污水 1867.5m^3/d	产生浓度/(mg/L)		250	120	150	5	20	40
	产生量/(kg/d)		466.88	224.10	280.13	9.34	37.35	74.70
客运站污水 367.2m^3/d	洗车废水 54m^3/d	产生浓度/(mg/L)	145	80	280	15	18	5
		产生量/(kg/d)	7.83	4.32	15.12	0.81	0.97	0.27
	生活污水 313.2m^3/d	产生浓度/(mg/L)	250	120	150	5	20	40
		产生量/(kg/d)	78.30	37.58	46.98	1.57	6.26	12.53

续表

废水量	污染物		COD	BOD_5	SS	LAS	动植物油	氨氮
餐饮废水 1469.2m³/d	含油废水	产生浓度/(mg/L)	300	200	200	10	40	40
		产生量/(kg/d)	440.76	293.84	293.84	14.69	58.77	58.77
垃圾收集站污水 4.5m³/d	产生浓度/(mg/L)		900	400	300	5	—	40
	产生量/(kg/d)		4.05	1.80	1.35	0.02	—	0.18
合计 3708.4m³/d	产生浓度/(mg/L)		269.07	151.45	171.88	7.13	27.87	39.49
	产生量/(kg/d)		997.82	561.64	637.42	26.43	103.35	146.45

(2) 大气污染源

① 居民厨房油烟废气

A. 油烟废气　根据建设方案，住宅区将会入住 1200 户，每户有厨房一个，灶头数为 2400 个，通过调查分析，确定居民每天用气高峰时段为早晨 0.5h，中午燃气 1h，傍晚用气 1.5h 的三个时段内，本项目投入使用后居民油烟废气的产生情况见表 1-7。

表 1-7　油烟的产生情况分析

项目	灶头数/个	单位排气量/[m³/(h/灶头)]	总排气量/(×10⁴m³/a)	油烟产生浓度/(mg/m³)	油烟产生量/(t/a)	处理设施
住宅	2400	50	13140	10	1.314	抽油烟机

厨房作业时产生的油烟主要是指动植物油过热裂解、挥发与水蒸气一起挥发出来的烟气，经家庭式抽油烟机处理后，通过内置烟道引至楼顶天面高空排放。

B. 燃气烟气　本项目居民使用天然气作为燃料。根据设计资料，每户耗气 0.95m³/d，每天耗天然气 1140m³/d，即 501.6t/d（天然气密度为 0.42～0.46g/cm³，按平均值 0.44g/cm³）。

按燃烧 1m³ 天然气产生废气 9.52m³，根据《社会区域类环境影响评价》（中国环境科学出版社，2007），燃烧 1000m³ 的天然气污染物排放量，SO_2 为 0.18kg，NO_x 为 1.76kg，则本项目每年产生燃气废气 396.127 万立方米，烟气中各污染物产生量，SO_2 为 0.075t/a；NO_x 为 0.732t/a。

② 餐饮项目饮食油烟　餐饮用油量约 60g/(餐位·d)，经类比调查计算，一般油烟挥发量占总耗油量的 2%～4%，这里按最大挥发量估算。餐厅油烟经过专门除油烟装置处理，去除效率约 80%。各餐饮单位分别将油烟处理后集中排至预留烟井，引至楼顶天面高空排放。表 1-8 为餐饮项目食用油消耗和油烟废气产生情况。

表 1-8　餐饮项目食用油消耗和油烟废气产生情况

类型	规模	耗油量/(kg/d)	油烟挥发系数	油烟产生量/(kg/d)	除去效率/%	油烟排放量/(kg/d)
餐饮	10811 餐位	648.66	4%	25.95	80	5.19

③ 客运站机动车废气　客运站可停靠周转车辆 45 台，日运行时间 12h（8:00—20:00），发送班车 1500 次/d，平均 125 次/h，每次周转车行驶距离约 350m（入口至出口回转场），按时速 5km/h 计，每车次在场内通行时间为 4.2min。

参照《重型车用汽油发动机与汽车排气污染物排放限值及测量方法》(GB 14762)，选取公交车污染物排放限值：NO_x 为 0.98g/(kW·h)，CO 为 9.7g/(kW·h)，HC 为 0.41g/(kW·h)。废气收集后经烟道引至楼顶排放，排放高度为 160m。计算客运站场汽车尾气污染物排放如表 1-9。

表 1-9　客运站场汽车尾气排放计算表

汽车发车位数	发车量	污染物	NO_x	CO	HC
45	125 次/h	汽车排放系数/(g/车次)	6.86	67.9	2.87
通风量/(m^3/h)	184500	小时产生量/(g/h)	857.5	8487.5	358.75
		有组织小时排放量/(g/h)	814.62	8063.12	340.81
		无组织小时排放量/(g/h)	42.88	424.38	17.94
		年产生量/(kg/a)	3755.85	37175.25	1571.325
		年排放量/(kg/a)	3755.85	37175.25	1571.325

续表

汽车发车位数	发车量	污染物	NO_x	CO	HC
污染物有组织排放浓度/(mg/m^3)			4.42	43.70	1.85

注：1. 公交汽车装机容量平均按 100kW 计算，站内行驶时间 4.2min。

2. 停车库的有效高度取 3.2m，通风量按 6 次/h 计算，分区废气收集效率约 95%。年运营天数 365 天，日运行 12h。

④ 发电机燃油尾气　根据项目功能设置及用电负荷的需要，项目设置柴油发电机组供项目停电时备用（见表 1-10）。

表 1-10　柴油发电机配置情况

序号	设备名称	数量	型号	安装位置	燃料种类	服务范围
1	柴油发电机 1 号	1	1250kW	地下一层	柴油	汽车客运站
2	柴油发电机 2 号、3 号	2	1400kW	地下一层	柴油	商业区
3	柴油发电机 4 号、5 号	2	1250kW	地下一层	柴油	住宅及公寓

所选用的发电机组采用优质轻质柴油（含硫率<0.2%、灰分<0.01%），用于意外断电时电梯及消防用电。单台柴油发电机组按耗油量 0.204kg/(kW·h)，烟气产生量 $4000m^3/h$ 计，工作时间按每月工作 8h，全年工作 96h 计，则 5 台备用发电机组总耗油量为 128.3t/a，发电机尾气排放总量为 $192\times10^4m^3/a$。

参考燃料燃烧排放污染物物料衡算办法计算，其 SO_2 和 NO_x 烟尘产生量算法如下。

$$C_{SO_2}=2BS(1-\eta)$$

式中　C_{SO_2}——二氧化硫排放量，kg；

B——消耗的燃料量，kg；

S——燃料中的全硫分含量，%；

η——二氧化硫去除率，%，本项目选 0。

$$G_{NO_x}=1.63\times B\times(N\times\beta+0.000938)$$

式中　G_{NO_x}——氮氧化物排放量，kg；

B——消耗的燃料量，kg；

N——燃料中的含氮量，%；本项目取值 0.02%；

β——燃料中氮的转化率，%；本项目选 40%。

根据以上公式计算，SO_2 的排放系数为 4.0kg/t 油，NO_x 的排放系数为 1.66kg/t 油，烟尘的排放系数为 0.1kg/t 油，可算出 5 台发电机组的污染物总排放量分别为：SO_2 0.513t/a，NO_x 0.213t/a，烟尘 0.013t/a。柴油发电机组大气污染物产生及排放情况见表 1-11。

表 1-11　发电机废气排放情况

污染物产生位置		烟气量/(m³/h)	排气筒/m		排气温度/℃	污染物	产生浓度/(mg/m³)	产生速率/(kg/h)	排放浓度/(mg/m³)	排放速率/(kg/h)	排放限值	
			高度	直径							浓度/(mg/m³)	速率/(kg/h)
柴油发电机组	1号	4000	160	0.4	30	SO_2	255	1.02	255	1.02	500	358.4
						NO_x	105	0.42	105	0.42	120	110.08
						颗粒物	7.5	0.03	7.5	0.03	120	497.78
	2号、3号	8000	160	0.4	30	SO_2	285	2.28	285	2.28	500	358.4
						NO_x	118.75	0.95	118.75	0.95	120	110.08
						颗粒物	7.5	0.06	7.5	0.06	120	497.78
	4号、5号	8000	160	0.4	30	SO_2	255	2.04	255	2.04	500	358.4
						NO_x	106.25	0.85	106.25	0.85	120	110.08
						颗粒物	6.25	0.05	6.25	0.05	120	497.78

发电机采用轻质柴油（含硫率<0.2%），其产生的烟气经内置烟井引至顶楼楼顶排放，排放的烟气黑度小于格林曼黑度 1 级。本项目柴油发电机排放的大气污染物浓度均低于广东省《大气污染物排放限值》(DB 44/27—2001) 第二时段二级标准（SO_2 500mg/m³，NO_x 120mg/m³，颗粒物 120mg/m³）。

⑤ 停车场机动车尾气　项目地下停车场共有泊车位 2350 个。预计所停泊的机动车以小轿车、面包车等轻型车为主。考虑到建设项目的特点，预计进入小区机动车小型、中型、大型车比例为：

8∶1∶1，每个车位平均每天有车辆进出两次，则平均日车流量为4700车次/d，从居民小区门口至停车场来回平均距离约为1000m。

根据《轻型汽车污染物排放限值及测量方法（中国Ⅲ、Ⅳ阶段)》（GB 18352.3—2005）的有关规定，进入项目内的车辆主要以第一类车为主（第一类车指设计乘员数不超过6人，且最大总重量≤2.5t的至少有四个车轮，或有三个车轮且厂定最大总质量超过1t的车辆，通常所指的是轿车），亦有少量第二类车（第二类车指除第一类车以外的所有轻型车辆）。车辆Ⅰ型试验（Ⅳ阶段的执行日期为2010年7月1日）排放限值见表1-12。

表1-12　车辆Ⅰ型试验排放限值

阶段	类别	级别	基准质量(*RM*)/kg	限值/[g/(km·辆)]								
				CO		HC		NO_x		HC+NO_x		PM_{10}
				汽油	柴油	汽油	柴油	汽油	柴油	汽油	柴油	柴油
Ⅳ	第一类车	—	全部	1.00	0.50	0.10	—	0.08	0.25	—	0.30	0.025
	第二类车	Ⅰ	*RM*≤1305	1.00	0.50	0.10	—	0.08	0.25	—	0.30	0.025
		Ⅱ	1305<*RM*≤1760	1.81	0.63	0.13	—	0.10	0.33	—	0.39	0.040
		Ⅲ	1760<*RM*	2.27	0.74	0.16	—	0.11	0.39	—	0.46	0.060

综合项目车流量、行驶距离、车型分布等因素，加权平均后，本项目的排污系数及排放量见表1-13。

表1-13　项目停车场污染物排放量

污染物	NO_x	CO	HC
加权排放系数/[g/(辆·km)]	0.082	1.081	0.103
日排放量/(kg/d)	0.385	5.081	0.484
年排放量/(t/a)	0.141	1.854	0.177

为保证地下车库的空气质量，需在车库内安装换气风机，负责排除污浊空气及送入新鲜空气，并在地面上设置有通风口。地下车库的排风口设于靠近顶棚的墙体上，设于下风向，排风口不朝向邻

近建筑物和公共活动场所，排风口离室外地坪高度大于 2.5m，并应做消声处理。停车场排风口初步拟设于项目的西面、西北面和北面。

污染物排放浓度应满足广东省《大气污染物排放限值》（DB 44/27—2001）中无组织排放监控浓度的要求，周界外最高浓度限值 NO_x≤0.12mg/m^3，HC≤4.0mg/m^3，CO≤8mg/m^3。

⑥ 垃圾收集房臭气　项目西北面设一垃圾收集站，不设垃圾压缩功能。小区内的垃圾收集并用塑料袋包装好后，再用手推车运送至站内进行堆放，待环卫部门上门收集。堆放时间不超过 12h，每天清运且不隔日堆放。经上述措施后不会产生明显的臭气影响。

垃圾收集站主要的污染物包括氨气、硫化氢和甲硫醇等。

日本大阪环境科学研究所曾对 2000t 生活垃圾处理场排放的恶臭污染物强度进行过实验研究，得到恶臭物质的源强分别为：H_2S（硫化氢）9.2kg/d、NH_3（氨）68kg/d、CH_3SH（甲硫醇）0.97kg/d。

本项目垃圾最大收集量约 21.709t/d，年收集量约 7923.785t，垃圾收集站每天作业时间 8h，垃圾为袋装入库，因此挥发物约为普通敞开式垃圾站的 20%～40%，本项目取 40%，参照以上研究资料，估算项目垃圾转运站排放的恶臭物质平均排放源强列于表 1-14。

表 1-14　垃圾站恶臭污染物平均排放源强

项目	单位	H_2S	NH_3	甲硫醇
产生系数	kg/(d·t)	0.00184	0.0136	0.000194
周转时间	h	8	8	8
产生量	kg/h	0.0051	0.0374	0.0005
	kg/a	14.78	109.21	1.56
排放量	kg/h	0.0051	0.0374	0.0005
	kg/a	14.78	109.21	1.56

(3) 噪声污染源

该项目为集商业、住宅、娱乐和客运站为一体的综合性小区，主要产生噪声的污染源为客运站、发电机组、各类水泵、冷却塔、风机、变压器，以及各类家用空调等。

① 客运站噪声　本项目噪声主要来自客运站内外停车场机动车辆噪声、候车厅人群噪声及空调等动力设备噪声等。因车站采用局部分体空调，噪声相对较小，本评价仅对这类噪声源提出污染防治措施和建议。

为了解一般汽车客运场站的噪声状况，本评价选择类似的已营运多年的永康市客运西站进行了噪声类比监测，结果见表1-15。

表1-15　永康市客运西站噪声类比监测结果

测点	声级/dB(A)					
	L_{eq}	L_{10}	L_{50}	L_{90}	L_{max}	L_{min}
出站口	76.6	80.1	74.0	68.7	88.7	65.8
进站口	75.2	77.4	69.2	65.9	101.1	63.6
候车室	75.6	78.5	74.6	68.7	78.6	65.2
停车场	71.8	75.2	68.6	65.4	79.7	63.4

可见，站内汽车进出行驶时平均噪声强度在75.2～76.6dB(A)之间，鸣喇叭时最大噪声可达100dB(A)以上；停车场中平均声级在71.8dB(A)左右；候车厅人群平均声级为75.6dB(A)。

② 小区机械设备噪声　项目在运营期间噪声主要来源于小区内的各种机械设备，如备用发电机运转产生的噪声、水泵、冷却塔、风机等设备运行噪声、居民空调机噪声、机动车行驶产生的噪声。经类比调查：备用发电机房的噪声值在100dB(A)左右；水泵的噪声值大约85dB(A)；风机噪声是由空气动力噪声、机械噪声和电磁噪声三部分组成，向外辐射噪声的位置为风机进口、出口、机壳、电机和管道，噪声值约为80dB(A)左右；机动车在

小区内行驶的噪声值约为66～78dB（A）。

项目运营期产生的噪声声级L_{eq}见表1-16。

表1-16 各种设备工作噪声值 单位：dB(A)

噪声源	数量	测点与设备的距离/m	声级范围
发电机组	5台	5	100～110
变压器	数台	5	55～60
水泵	数台	5	75～85
风机	数台	5	72～80
各类家用空调	数台	5	65～68
冷却塔	8台	5	65
机动车	2350辆	5	66～78

（4）固体废物污染源

① 生活垃圾 本项目建成投入使用后，产生的固体废物主要为住宅居民、商铺服务人员、物业管理人员和客运站等产生的生活垃圾等。其主要成分为烂菜叶、果皮、碎玻璃或玻璃瓶、塑料制品、废纸、饮料罐、破布、废纤维、废金属等。

参考《环境影响评价工程师职业资格登记培训系列教材——社会区域》（国家环境保护部），我国目前城市人均生活垃圾产生量约为0.8～1.5kg/(人·d)，本项目居民生活垃圾产生量系数取平均值1.2kg/(人·d)计算。商业、公建配套设施建筑面积共约169434m^2，从业人员按平均建筑面积25m^2/人计，工作人员约为6777人，商业区的生活垃圾产生量按0.3kg/(人·d)计算。

根据同类客运站类比调查资料，旅客垃圾产生量约0.15kg/(人·d)，站内工作人员以0.3kg/(人·d)计。

各餐饮商铺按《饮食业环境保护技术规范》（HJ 554—2010）设置垃圾收集点，将餐饮垃圾分类收集并由物业管理处的垃圾清运工人收集于垃圾中转站，再通过垃圾车交由当地的有餐饮垃圾处理资质单位集中处理。

餐饮项目约10811餐位，餐饮垃圾按1kg/(位·d)计算，项目餐饮营业单位产生的餐饮垃圾为10.811t/d，约3946.015t/a，根据《广东省严控废物处理行政许可实施办法》中所列名录，以上餐饮垃圾属于“饮食业产生的食物加工废物和废弃食物及植物油加工厂产生的残渣”类别，类别号为HY05，需许可的处理方式为“收集、储存、处理、处置”，且应交有资质单位集中处理。生活垃圾产生情况见表1-17。

表1-17 生活垃圾产生情况

<table>
<tr><th colspan="2">污染源</th><th>规模</th><th>计算系数</th><th>日产生量/(kg/d)</th><th>年产生量/(t/a)</th></tr>
<tr><td rowspan="6">生活垃圾</td><td>居民</td><td>3600人</td><td>1.2kg/(人·d)</td><td>4320</td><td>1576.8</td></tr>
<tr><td>商业区服务人员</td><td>6777人</td><td>0.3kg/(人·d)</td><td>2033</td><td>742</td></tr>
<tr><td rowspan="2">客运站</td><td>客流30000人次</td><td>0.15kg/(人·d)</td><td>4500</td><td>1642.5</td></tr>
<tr><td>工作人员150人</td><td>0.3kg/(人·d)</td><td>45</td><td>16.4</td></tr>
<tr><td>餐饮项目</td><td>10811餐位</td><td>1kg/(人·d)</td><td>10811</td><td>3946.015</td></tr>
<tr><td colspan="3">合计</td><td>21709</td><td>7923.715</td></tr>
</table>

② 客运站其他废物　客运站还会产生其他废物，包括洗车废水沉泥，还有少量来自场站车辆维修站产生的修车废物等。

洗车废水沉淀处理产生的沉泥约5.0t/a，由于含少量油渣，按危险废物处理。车辆检修过程中还将产生少量废油、废塑料件等，约1.0t/a。车辆检修过程往往有少量更换下来的发动机机油等，估计年产生量约500kg/a，根据《国家危险废物名录》（自2008年8月1日起施行），废机油属危险废物（编号为HW08），须按国家有关危险废物处理规范委托有关部门处理。

③ 固体废物汇总　见表1-18。

表1-18 固体废物汇总

<table>
<tr><th>废物名称</th><th>类别</th><th>产生量/(t/a)</th><th>处置量/(t/a)</th><th>处置率/%</th><th>处置方式</th></tr>
<tr><td>生活垃圾</td><td>一般生活垃圾</td><td>3977.7</td><td>3977.7</td><td>100</td><td rowspan="2">环卫部门清运</td></tr>
<tr><td>修车废物</td><td>一般废物</td><td>1</td><td>1</td><td>100</td></tr>
</table>

续表

废物名称	类别	产生量/(t/a)	处置量/(t/a)	处置率/%	处置方式
洗车废水沉泥	危险废物 HW08	5	5	100	有资质单位处理
废机油		0.5	0.5	100	
餐饮垃圾	严控废物 HY05	3946.015	3946.015	100	有资质单位处理
总计	—	7930.215	7930.215	100	—

(5) 污染源强汇总

见表1-19。

表1-19　建设项目污染物源强汇总

项目	污染物		产生量/(t/a)	削减量/(t/a)	处理后的排放量/(t/a)	排放去向
水污染源	废水		135.3566×10^4	0	135.3566×10^4	经沙岗污水处理厂处理后排至澜石大涌
	COD		364.20	0	364.20	
	BOD_5		205.00	0	205.00	
	动植物油		37.72	0	37.72	
	氨氮		53.45	0	53.45	
废气污染源	发电机尾气	废气量	$192\times10^4m^3/a$	0	$192\times10^4m^3/a$	引至楼顶160m高空排放
		SO_2	0.513	0	0.513	
		NO_x	0.213	0	0.213	
	居民厨房油烟		1.314	1.051	0.263	引至楼顶160m高空排放
	餐饮项目油烟		9.471	7.577	1.894	
	客运站废气	CO	37.175	0	37.175	
		HC	1.571	0	1.571	地面2.5m高排风口
		NO_x	3.755	0	3.755	
	停车场汽车尾气	CO	1.854	0	1.854	
		HC	0.177	0	0.177	引至楼顶160m高空排放
		NO_x	0.141	0	0.141	

续表

项目	污染物	产生量/(t/a)	削减量/(t/a)	处理后的排放量/(t/a)	排放去向
固体废物	餐饮垃圾(严控废物)	3946.015	3946.015	0	有资质单位处理
	生活垃圾	3977.7	3977.7	0	交环卫部门处理
	一般废物	1	1	0	
	危险废物	5.5	5.5	0	有资质单位处理

3. 污染防治措施

(1) 水污染防治措施

项目建成使用后产生的污水主要是住宅区日常生活污水、办公商业污水、餐饮污水、客运站污水、公共配套设施的污水和垃圾收集站冲洗污水等。

本项目采取一定措施控制水污染源，其措施如下：

小区内雨水收集系统由雨水斗、雨水管组成，室外雨污分流，室内废水合流，设专用污水管；

项目雨水管道采用暗管，雨水斗收集后至雨水管，绿化、路面等排水进入市政雨水管网。

本项目属沙岗污水处理厂纳污范围。

① 项目粪便污水（包括居民和公厕的粪便污水）先经三级化粪池处理。

② 餐饮含油污水经隔油隔渣池。

③ 客运站洗车含油污水经隔油沉淀池预处理。

④ 垃圾收集点冲洗污水经沉淀池处理。

上述经预处理的污水与其他生活污水一同进入市政污水管道，输送到沙岗污水处理厂进行生化处理，达到广东省《水污染物排放限值》（DB 44/26—2001）第二时段二级标准和《城镇污水处理厂污染物排放标准》（GB 18918—2002）二级标准的要求，尾水排入澜石大涌。

项目产生的污水处理措施可见图 1-2。

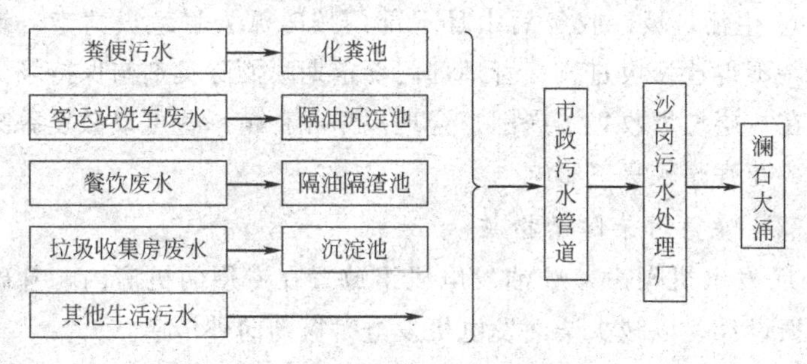

图 1-2　建设项目污水处理措施

(2) 大气污染防治措施

项目的主要大气污染源为居民厨房油烟废气、餐饮项目饮食油烟、客运站废气、备用发电机燃油尾气、垃圾收集站臭气和停车场的机动车尾气。

① 居民油烟经家庭式油烟机处理后，经内置烟管（需进行隔热处理）引至各自楼顶天面高空排放。

② 餐饮项目厨房油烟经过专门除油烟装置处理。各餐饮单位分别将油烟处理后集中排至预留烟井，引至楼顶天面高空排放。

③ 客运站大气污染防治措施：尽量减少车辆在场站内频繁加速或减速次数，减少场内停车怠速运行时间；切实加强客运车辆的年检监督管理，及时淘汰尾气超标车；加强营运车辆的保养维护工作，确保车辆发动机正常运行；保持车站停车场内地面的清洁，经常进行洒水清扫。

④ 对于地下停车场机动车尾气，由于其污染物排放量较小，地下停车场设置机械通风系统，产生的机动车尾气经排风竖井引至地面排放，避免机动车尾气在地下停车场聚集。排风口经首层百叶窗外排，地下汽车库的排风口设于靠近顶棚的墙体上，设于下风向，排风口不朝向邻近建筑物和公共活动场所，排风口离室外地坪高度大于 2.5m，并做消声处理。

⑤ 备用发电机使用优质柴油，含硫率≤0.2%，尾气由专用烟道引至楼顶天面 160m 高空排放。

⑥ 生活垃圾经收集后由环卫部门按时派人将垃圾清走，统一处理，不得让垃圾过夜；管理部门要定期喷洒除臭剂与保持场内卫生。在一层垃圾收集站周围，合理规划和种植一些可以散发香味的树木、花卉减轻臭气影响。

(3) 噪声污染防治措施

① 发电机噪声　柴油发电机组放置在专用的机房内，基础采取减振设计，以减少柴油发电机发电时振动向外传递。

机房全封闭处理，墙壁为240mm砖墙，设置隔声门、窗，机房四壁天花挂贴吸声材料，护面为镀锌微孔板，以减少发电机房的混响声。

柴油发电机房门采用标准隔声门，隔声量不小于40dB (A)。

为解决发电机组尾气排放的气动性噪声，发电机配两级消声器，消声器为复合式，具有良好的消声效果，总消声量大于45dB (A)。

室内强制通风，采用低噪声型风机，进出风口安装弯头消声，以免噪声通过通风口传播。

② 风机　配套安装减振器，进出风口安装消声器。

③ 水泵　设减振基础，进、出水管要有软接头。

水泵设在水泵房内，要搞好基础的减振和水泵房的密闭隔声。

④ 变压器　变压器运行产生的低频噪声，其噪声值在55～60dB (A)。变压器运行时会产生的低频噪声和振动，应将其放置在配电房内，并采取相应的消声、减振处理，降低变电器噪声对周围环境的影响。

⑤ 冷却塔　冷却塔位于建筑物裙楼天面，选用低噪声设备，同时采取防振措施。

⑥ 停车场机动车噪声　合理规划布局来往车辆的车道，保持进出车流的畅通，禁鸣喇叭，严格管理停车的泊位顺序；在住宅区内充分利用植树种草以达降噪目的，以减少本项目各噪声源对周围声环境质量的影响。

⑦ 客运站噪声　保持良好的交通秩序，加强站内车辆管理，尤其在场站的进出口处，应设立明显的减速禁鸣标记，杜绝车辆在场内的鸣喇叭现象，停车场内保持低速行驶。

严格控制车站营运时间，夏季可适当延迟，但对凌晨（5:00以前）的班次应从严控制。

建议在候车室内墙采用吸声材料，同时布设一些具强吸声效应的绿色植物和花卉，减少人群噪声的混响效应，确保候车室噪声达到《公共等候室卫生标准》（GB 9672—1996）中的限值规定[≤70dB(A)]。

提倡文明候车，严禁车主高声叫喊拉客；同时，给乘客营造一个良好的候车环境，候车室内应设置高质量的音响设备，除广播通知外，播放一些柔和舒缓的背景音乐，以减轻噪声对人的影响。

搞好绿化，在车站四周、停车场设置乔木绿化林带，以降低噪声的传播和干扰，减少对周围环境的影响；并在站前广场设置中心绿地、种植草坪、花卉，设立休息区等，以减少高密度客流产生的人群噪声。

在设备选型方面，在满足功能要求的前提下，候车室分体空调等设备应尽可能选用低噪设备，并安装在加有防振垫的基础上，减少因振动而引起的噪声。

（4）固体废物污染防治措施

① 建立完善的垃圾分类收集系统，加强管理，分类收集。

② 生活垃圾，由居民自行打包后，由环卫工人送到小区垃圾收集点，定时外运处理。垃圾收集点应定期消毒、灭蝇、灭鼠，以免散发恶臭、孳生蚊蝇，以免影响附近居民的正常生活。做到日产日清，卫生填埋。

③ 餐饮垃圾属于《广东省严控废物处理行政许可实施办法》中“饮食业产生的食物加工废物和废弃食物及植物油加工厂产生的残渣”类别，类别号为HY05，需许可的处理方式为“收集、储存、处理、处置”，且应交有资质单位集中处理。

④ 车辆检修过程中更换下来的废机油、洗车废水隔油池处理产生的少量污油渣，属危险废物（编号为 HW08），必须按国家有关危险固体废物处理规范委托专门机构处理。

→ 思考与练习

1. 房地产开发项目环境影响评价工作有哪些评价重点?

2. 开展房地产开发项目环境影响评价时，设计方案的合理性应从哪几个方面进行分析?

3. 为了开展本案例中的污染源分析工作，需要向建设单位搜集哪些基础资料和数据?

案例二　生猪养殖项目污染源分析案例

一、行业背景

1. 行业发展背景

从我国居民肉类消费习惯和经济发展形势来分析，国内猪肉市场近年来出现新的趋势。

（1）生猪产销区对接更加紧密

长江三角洲、珠江三角洲和环渤海等经济发达地区产业结构调整步伐加快，第二、第三产业比重提高，养猪业向内地主产区转移，全国产区、销区更趋明显，销区生猪调入量逐年增加。

（2）国内消费量呈刚性增长

虽然肉类消费结构发生了变化，猪肉消费比重有所下降，但在相当长的时期内，猪肉仍将是我国肉类消费中的第一大品种，绝对消费量持续增长。特别是广大农村市场增长潜力巨大，随着全面小康社会目标的逐步实现，农民收入将有较快增长。

（3）市场对猪肉及产品品质要求更高

随着人民生活的不断改善，人们对猪肉及其产品品质要求越来越高，安全卫生的无公害猪肉已显示出很好的市场前景。

（4）市场流通方式发生变化

当前，冷鲜肉、分割肉及猪肉等肉制品的花色品种越来越多，其占猪肉消费量的比重越来越大，专卖店、连锁店、超市等销售方式正在兴起。

总体来说，我国猪肉消费的刚性需求必将持续推动养猪业的不断发展，作为非周期性行业，生猪养殖行业发展前景看好。

2. 产业政策、技术规范和标准

国务院颁发的《促进产业结构调整暂行规定》的第四条："巩固和加强农业基础地位，加快传统农业向现代农业转变，大力发展畜业，提高规模化、集约化、标准化水平，发展高效生态养殖业"。大型生态猪养殖项目属于第一类鼓励类第 4 条。

《产业结构调整指导目录》（2011 年本）中农林类鼓励项目第五项为"畜禽标准化规模养殖技术开发与应用"。

与生猪养殖行业相关的法律、法规包括《畜禽养殖业污染防治技术规范》《畜禽养殖污染防治管理办法》《商品猪场建设标准》。

《畜禽养殖业污染防治技术规范》中包括选址要求、场区布局与清粪工艺、畜禽粪便的储存、污水的处理、固体粪肥的处理利用、饲料和饲养管理、病死畜禽尸体的处理与处置。

《畜禽养殖污染防治管理办法》中包括畜禽养殖场应采取将畜禽废渣还田、生产沼气、制造有机肥料、制造再生饲料等方法进行综合利用。

2009 年 5 月，广东省环境保护厅印发了广东省《畜禽养殖业污染物排放标准》(DB 44/613—2009)，标准的实施有效促进了广东省畜禽养殖业的污染防治。2010 年 7 月，广东省环境保护厅联合农业厅印发《关于加强规模化畜禽养殖污染防治促进生态健康发展的意见》，要求各地认真开展畜禽养殖污染专项整治，高度重视依法划定禁养区、关闭或拆除饮用水源保护区内规模化畜禽养殖场（区）等各项工作。各市积极制定畜禽养殖发展规划，依法划定禁养区，出台扶持引导政策，从生态建设和场区建设的长远效益着手，抓好规模化养殖场（区）建设的规划布局、场址选择及相关设施的配套完善，严把环境保护准入关，从源头控制畜禽养殖污染。

二、案例分析

1. 项目概况

某生猪养殖项目位于粤西山区丘陵地带，远离村庄，总占地面积 630 亩（15 亩=1 公顷，余同），覆盖多个小的山头，场内梯级分布有五个鱼塘，总面积约 160 亩。

场区内主要分为养殖生产区、隔离区、办公生活区等功能分区，另外有电房、篮球场、污水处理设施、给排水系统等配套性的设施。各个不同的分区之间有明显的界限，特别是生产区和场内其他区有严格的隔离，进出生产区要经过严格的防疫消毒。

项目以“公司+农户+客户”模式经营，具体负责经营模式中的“公司”项中的产品——“猪苗”的生产，年产 10.5 万头商品猪苗。

项目有员工 135 人，全部员工厂内食宿，每天工作 8h，年开工天数 365 天，实行轮休制。

2. 生产工艺流程

本项目生猪养殖工艺主要分为三个阶段：配种妊娠阶段、分娩哺乳阶段、仔猪培育阶段。见图 2-1 所示。

（1）配种妊娠阶段

该阶段母猪要完成配种并度过妊娠期。配种后生产母猪在配种

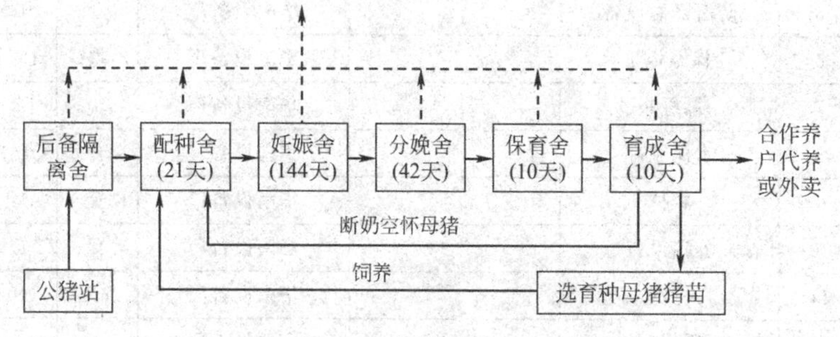

图 2-1　生猪养殖工艺

妊娠舍饲养 144 天，提前一周进入分娩舍。断奶后配种栏 3～5 头母猪小群饲养，有利发情；妊娠栏 1～2 头，控制膘情，减少争食应激，提高受胎率、初生重。

(2) 分娩哺乳阶段

产仔哺乳阶段要完成分娩和对仔猪的哺育。分娩舍 42 天，仔猪的哺育期一般为 26～35 天。断奶后仔猪转入保育舍，母猪回到配种舍，进入下一个繁殖周期的配种。产床采用全漏缝高床，有利产床卫生和管理，减少疾病发生，但漏缝要比一般稍小，避免仔猪的肢蹄被卡住而被母猪压死。

(3) 仔猪培育阶段

仔猪在保育舍经 10 天培育，转入育成舍。采用半漏缝高床，有利卫生和管理，减少疾病发生，提高生产水平。

3. 主要生产设备

项目建成后具体设备情况见表 2-1。

表 2-1 项目主要生产设备一览

序号	设备名称	规格型号	生产厂家	计量单位	数量
1	养猪设备		红星厂	套	1
2	风扇		—	套	1
3	水泥漏缝板		华南设备厂	套	1
4	保温板		广州乔科厂	套	1
5	防暑降温设备		华南设备厂	套	1
6	保温板 1		华南设备厂	块	187
7	漏缝板		华南设备厂	块	50
8	水泥制件		华南设备厂	套	1
9	料槽		华南设备厂	套	1
10	养猪设备		华南设备厂	套	1
11	勾网		华南设备厂	m^2	410
12	围栏门		广西平南厂	m^2	22

续表

序号	设备名称	规格型号	生产厂家	计量单位	数量
13	烧水炉		凌宵清水泵厂	个	1
14	排污泵		—	台	1
15	3t 机械地中衡		华南设备厂	台	1
16	料车		—	套	1
17	冲水器		—	套	1
18	消毒机		—	台	10
19	清洗机		—	台	11
20	污水监控设备		—	套	1
21	污水处理工程		—	套	1
22	厚斗车		新联机械厂	台	13
23	饲料混合机		芸荟公司	台	1
24	公猪站制作精液设备		—	套	1
25	发电机组	R6106	山东潍柴发电机组有限公司	套	1
26	分娩舍产床	镀锌水管 2200mm×1800mm×500mm	—	张	216
27	水塔	$500m^3$	—	个	2
28	深水井		凌宵厂	个	5
29	自吸泵		凌宵厂	套	1
30	供水工程		—	个	1
31	沼气及发电工程		—	套	1

4. 原辅材料消耗

猪场投入使用后主要的生产原料是养猪用的饲料，饲料不仅关系到猪的生长、肉质，也关系到猪肉的安全，是环境保护的重要环节之一。不同生长阶段的猪只喂养的饲料有所区别，猪场饲料品种分为乳猪料、母猪料和公猪料，来源为外部购买。饲料的总使用量为 10t/d。

为预防猪疫病的发生，保证猪场的正常运营，需做好防疫及消毒工作，并对病猪及时给予治疗，猪场使用的兽药、疫苗、消毒剂用量见表 2-2。

表 2-2 项目其他辅料用量表

原材料名称	日用量/(g/d)	年用量/(kg/a)	用途
兽药	30	10.95	治疗
疫苗	10	3.65	防疫
消毒剂	20000	7300	猪舍消毒

5. 水平衡分析

项目生产用水主要用于猪只饮用、猪舍冲洗水及猪舍降温系统补水，生产用水量 157t/d；135 名员工生活用水量按 0.3t/(d·人)，则生活用水量为 40.5t/d；厂区有绿地面积约 30 亩地，绿地用水量平均为 30t/d，该部分来自鱼塘水。项目新鲜用水量约为 197.5t/d（合 7.21×10^4t/a）。

养猪废水 126t/d，生活污水 32.4t/d，综合废水量为 158.4t/d，经沼气池发酵后形成沼液，沼液的产生量为 138.4t/d，通过沼液输送系统输送到多级鱼塘用以肥塘，发酵过程中消耗的水量约为 20t/d，其中 7t/d 的水随沼渣排出。

根据厦门大学环境科学研究中心张玉珍等人在《水产养殖氮磷污染负荷估算初探》一文中的研究成果，鱼塘退水中氮磷等含量分别为：总氮 9.42mg/L，总磷 1.45mg/L，COD 小于 10mg/L，BOD_5 小于 5mg/L。通过沼气系统污水处理设施处理后，水质可满足《畜禽养殖业污染物排放标准》（DB 44/613—2009）要求，再通过多级鱼塘消化，可达地表水Ⅲ类功能区标准。

项目废水不外排，场区鱼塘面积较大，达 160 亩，每日蒸发损耗的水量足以容纳项目产生的废水量。

项目场区水量平衡分析见图 2-2。

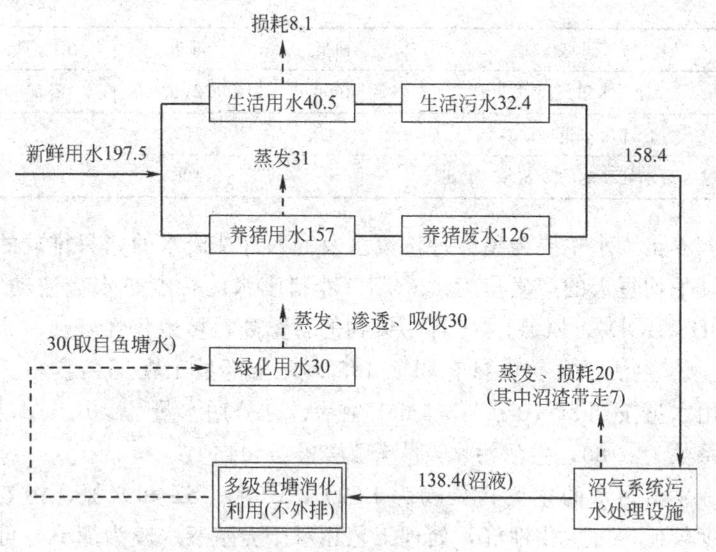

图 2-2　项目场区水量平衡图

6. 污染源分析

(1) 废水

① 生产废水　不同的猪种用水量不同，根据建设单位提供资料及对同类猪场的类比分析，按照不同猪只的存栏量，计算项目养猪用水量。

项目仔猪的生产量为 105000 头/a，生产天数为 36 天（分娩哺乳阶段 26 天＋仔猪培育阶段 10 天），则生产周期为 10.1 批/a，按照 105000 头的生产量计算，仔猪存栏量为 10396 头。据此，项目用水量计算情况见表 2-3。

表 2-3　存栏猪日用水量分析

类型	种猪	母猪	存栏仔猪
数量/头	50	5160	10396
冲栏用水量/(L/头)	24	10	5
饮用水量/(L/头)	8	4	3

续表

类型	种猪	母猪	存栏仔猪
总用水量/(L/头)	1600	72240	83168
合计用水量/(t/d)	157		
进入污水处理池的废水量/(t/d)	126		

养猪废水主要为猪栏冲洗废水及混入冲洗废水的猪只排放的尿液，平均每天的产生量为126t/d，养猪废水的特点是水量波动大，COD、BOD_5、氨氮、SS等污染物的含量高、可生化性好。

② 生活污水　项目有职工135人，全部员工在场内食宿，生活用水量按0.3t/(d·人)，员工生活、办公用水量为40.5t/d，排污系数为0.80，生活污水产生量为32.4t/d。

生活污水的主要污染物为BOD_5、COD、SS和氨氮，污染物浓度较低，可生化性好，处理工艺相对于养殖废水较为简单，可直接进入养殖废水处理系统进行处理。

综合考虑上述两种污水的水质和水量，通过对建设单位提供资料以及同类猪场污水水质监测结果的类比分析，废水水质情况见表2-4。

表2-4　项目废水水质情况一览　　单位：mg/L

类别	水量/(t/d)	pH	COD	BOD_5	SS	氨氮	总磷
养猪废水	126	6.5～7	5000	2800	2000	400	12
生活污水	32.4	6～9	250	110	220	25	3
综合废水	158.4	6～9	4028	2250	1636	323	10

③ 废水产生及排放情况　项目建成投产后所产生的养猪废水126t/d，生活污水32.4t/d，综合废水量为158.4t/d，经沼气池发酵后形成沼液。沼液的产生量为138.4t/d（50516t/a)。发酵过程中消耗的水量约为20t/d，其中7t/d的水随沼渣排出。本项目沼气池沉淀产生的沼渣可作为有机肥料使用；沼液通过沼液输送系统输送到多级鱼塘用以肥塘。

通过沼气系统污水处理设施处理后，项目的出水可以达到广东省《畜禽养殖业污染物排放标准》（DB 44/613—2009）规定的限值，再通过五级鱼塘进行消化，至第五级鱼塘水质可达地表水Ⅲ类功能区标准，正常情况下，项目废水不外排，项目鱼塘面积较大，达160亩，每日蒸发损耗的水足以容纳项目的进水量。

项目水污染物产生及排放情况统计见表2-5。

表2-5　项目水污染物产生及排放情况一览

废水产生量/(t/d)	污染物	浓度/(mg/L)	污染物			鱼塘处理后水质浓度/(mg/L)	达标污水排放量/(t/d)
			产生量/(kg/d)	去除量/(kg/d)	外排量/(kg/d)		
158.4	COD	4028	638.0	574.6	63.4	≤400	不外排，经五级鱼塘处理后，可达地表水Ⅲ类水质标准
	BOD_5	2250	356.4	332.6	23.8	≤150	
	SS	1636	259.1	227.4	31.7	≤200	
	氨氮	323	51.2	38.5	12.7	≤80	
	总磷	12	1.9	0.6	1.3	≤8	

（2）废气

项目运行过程中大气污染物主要来源于四个方面：一是猪舍无组织恶臭；二是污水设施产生的恶臭；三是沼气池废气；四是员工食堂火烟、油烟废气。具体分析如下。

① 猪舍无组织排放的恶臭气体　猪只饲养过程释放出的无组织排放恶臭气体主要来自猪粪尿、毛发、废饲料等的厌氧分解，其中有10种与恶臭味有关，主要成分包括氨、硫化氢、一氧化碳、甲烷、胺及氨基酸衍生物等。猪舍中的灰尘和不良气体关系密切，两者之间有很强的亲和力，共同进行扩散。同时，不良气体中的大部分成分对人和动物有刺激性和毒性，吸入某些高浓度不良气体可引起急性中毒，长时间吸入低浓度不良气体，会导致慢性中毒，降低代谢机能和免疫功能，使种猪生产力下降，发病率和死亡率升高。

根据资料分析及项目特点，恶臭气体中，以猪尿液中的氨为主，浓度约为 6～35mg/m^3，硫化氢是猪粪和饲料中的微生物在厌氧环境中分解蛋白质有机物所产生，主要与饲料腐败的数量有关，规范化的养殖企业，通过科学养殖和控制饲料供应量，能够大大减少硫化氢废气的产生，其产生量和产生浓度在规范化的养殖企业均较低。因此，本项目主要恶臭气体为 NH_3。

妊娠猪舍、哺乳仔猪舍、保育猪舍 NH_3 浓度为 1.5～12.35mg/m^3，根据栏舍的面积比例，其平均浓度取值为 9.43mg/m^3。无组织排放恶臭气体目前尚无成熟的源强计算方法，仅能通过经验参数进行类比计算。

根据《亟待解决的规模化养殖场恶臭物质生物学控制技术》（张克春，叶承荣）的研究资料及类比调查，存栏量为 10000 头的生猪养殖场每小时向大气排放 7.8kgNH_3、0.43kgH_2S 和 0.05kg 甲硫醇，按照本项目猪只存栏量 7289 只［种猪＋母猪＋存栏仔猪（5 只仔猪产粪量按 1 只成年猪产粪量估算）］计算，本项目每小时向大气排放的废气污染物排放量：NH_3 为 5.69kg/h（49.80t/a），H_2S 为 0.31kg/h（2.75t/a），甲硫醇为 0.04kg/h（0.32t/a）。恶臭气体排放量随季节的变更而变化，各季节废气的排放量占全年排量为：冬季为 1/6，夏季为 1/3，春季和秋季各为 1/4，臭气排放量最大的季节为夏季。

恶臭气体的浓度随猪粪在猪舍中存放时间的加长而逐渐增加，由于本项目对猪粪尿采取干清粪工艺，实行日产日清，其恶臭污染物排放影响大大降低，同时，建设单位拟在饲料中添加适量的合成氨基酸、微生态制剂等添加剂，亦可有效降低恶臭污染物的排放量。

② 污水处理设施产生的废气（沼气系统） 本项目运行过程中，污水处理设施每天产生的废气主要为沼气，厌氧处理工艺每去除 1kg COD 可产沼气 0.5m^3，其甲烷含量为 60%左右。按照进口 COD 浓度 4028mg/L，经过厌氧发酵降解 90%计算，降解 COD 量为 574.6kg/d，则可产出沼气 287.3m^3/d，制得甲烷气约 172.38m^3/d，年均产沼气量为 10.49×10^4 m^3/a。

沼气成分一般由55%～70%的甲烷、25%～40%的二氧化碳和1%～5%的氮硫化物和硫化氢组成。本项目采用沼气燃烧利用措施，对沼气进行利用。沼气利用工艺流程见图2-3。

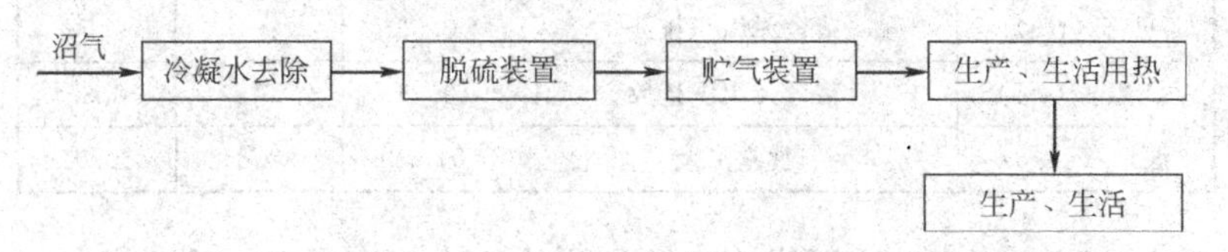

图2-3　沼气利用系统工艺流程图

③ 食堂废气　项目配套建设食堂，为135名员工提供餐饮服务，食堂拟使用液化石油气作为燃料。根据《企业环境统计实用手册》中的有关液化石油气的燃烧废气排放系数：每标立方液化石油气的质量为2.39kg，燃烧产生的污染物排放系数为SO_2 6.30kg/10^4m^3、NO_x 18.13kg/10^4m^3；按平均每人每月使用5kg液化石油气计算，则该项目的液化石油气使用量为约8.1t/a，燃料燃烧产生的大气污染物排放量为SO_2 2.1kg/a、NO_x 6.1kg/a。

另外，食堂烹饪时还会产生油烟，根据类比调查，食用油消耗系数为3.5kg/(100人·d)。则项目食用油消耗量为4.73kg/d，炒制时油烟挥发一般为用油量的1%～3%，本次评价取3%，则油烟产生量为0.14kg/d（51.79kg/a），项目设有4个灶头，属于中型饮食业单位，由油烟净化装置对油烟废气进行收集、处置，油烟净化效率根据《饮食业油烟排放标准（试行）》（GB 18483—2001）规定，中型饮食业单位按75%计，则油烟排放量为12.95kg/a，风量按20000m^3/h，风机运行按6h/d计，则油烟排放浓度为0.29mg/m^3。小于《饮食业油烟排放标准（试行）》（GB 18483—2001）2.0mg/m^3的限值。

本项目建成投产后大气污染物产生及排放情况见表2-6。

(3) 噪声

养殖企业的高噪声设备较少，主要的噪声设备为发电机、饲料加工机械和复合肥生产机械等，而这几种设备在本项目中没有出

表 2-6 项目主要大气污染物排放情况

污染物	来源	产生量	去除量	排放量
NH_3/(t/a)	猪舍无组织排放	14.9	0	14.9
H_2S/(t/a)	猪舍无组织排放	0.53	0	0.53
甲硫醇/(t/a)	猪舍无组织排放	0.35	0	0.35
油烟/(kg/a)	食堂烹调	51.79	38.84	12.95

现。所以本项目的主要噪声污染为猪的争斗、哼叫声，其声值大约为 75dB（A）左右。

（4）固体废物

项目运行过程中产生的固体废物主要包括以下几个部分。

① 猪粪尿　根据类比分析，从仔猪出生到出栏平均日产湿粪 2～2.5kg，均值 2.3kg，按照本项目猪只存栏量 7289 只［种猪＋母猪＋存栏仔猪（5 只仔猪产粪量按 1 只成年猪产粪量估算）］计算，湿猪粪产生量约为 6119t/a，采用人工干清粪的出粪方式，企业先将其收集于各分区的集粪池，然后汇集到厂区的总集粪池进行统一处理，猪粪尿收集率可达 80%以上，则猪粪尿的收集量为 4895.2t/a，项目产生的猪粪通过简单发酵处理后，作为有机复合肥原料外卖附近农商，实现生猪养殖废弃物零排放。

② 沼渣　项目配套的污水处理设施在运行过程中会产生沼渣，沼渣产生量约为 73t/a，可作为有机肥料外卖处理。

③ 废弃饲料　按照一般养猪场的运行情况，饲料量的 5%废弃，则产生废弃饲料量为 182.5t/a，由环卫部门收集外运。

④ 病死猪及胞衣　根据养殖企业运行经验，由于各种意外、疾病等原因导致猪只死亡，通常为 30kg 以下的仔猪，育成率为 98%左右，则项目病死猪只数量约为 2100 只/a，加上胞衣的量，核计 21t/a。

⑤ 废脱硫剂　本项目沼气产生装置采用氧化铁为脱硫剂，经过一定时间运行后，脱硫剂失效成为废脱硫剂，产生量约 80kg/a，属于一般固体废物，交生产厂家进行回收再生利用。

⑥ 员工办公生活垃圾 项目运行过程中共有员工135人，员工生活垃圾的产生量按0.5kg/(d·人）计算，生活垃圾的年产生量约为24.6t/a。由环卫部门统一收集外运。

综上所述，本项目建成投产后固体废物年排放总量约5196.5t/a，具体见表2-7。

表2-7 项目固体废物排放一览

名称	产生量/(t/a)	削减量		外排量/(t/a)	废物性质	处理处置去向
		回收量/(t/a)	外运处置/(t/a)			
猪粪	4895.3	4895.3	0	0	可回收利用	制作有机肥
沼渣	73	73	0	0	可回收利用	制作有机肥
废弃饲料	182.5	0	182.5	0	一般废物	环卫部门处置
病死猪只	21	21	0	0	部分为HY03类严控废物	普通病死猪深井填埋，传染性疾病死亡的猪只报上级部门检查处理
废脱硫剂	0.08	0.08	0	0	可回收利用	交由厂家回收
员工生活垃圾	24.6	0	24.6	0	生活垃圾	环卫部门处理
总计	5196.5	4989.38	207.1	0	—	—

(5）污染物排放情况汇总

见表2-8。

表2-8 项目污染物排放情况汇总

环境影响因素			产生量/(t/a)	削减量/(t/a)	外排量/(t/a)
大气污染物	猪舍无组织排放	NH_3	49.80	0	49.80
		H_2S	2.75	0	2.75
		甲硫醇	0.32	0	0.32
	食堂石油废气	SO_2	0.0021	0	0.0021
		NO_x	0.0061	0	0.0061
	厨房油烟		0.052	0.039	0.0013

续表

环境影响因素		产生量/(t/a)	削减量/(t/a)	外排量/(t/a)
水污染物	废水	5.78×10^4	5.78×10^4	0
	COD	23.14	23.14	0
	BOD_5	8.69	8.69	0
	SS	11.57	11.57	0
	氨氮	4.64	4.64	0
	总磷	0.47	0.47	0
固体废物		0.52×10^4	0.52×10^4	0

7. 污染防治措施

(1) 废水污染防治

① 沼气发酵处理系统　该项目每天有 158.4t/d 污水排入沼气发酵池中进行处理，同时将产生沼液 138.4t/d，经稳定后由沼液输送系统送至鱼塘和菜地进行利用；沼气产生量约为 229.5m³/d，污水处理工艺流程见图 2-4。

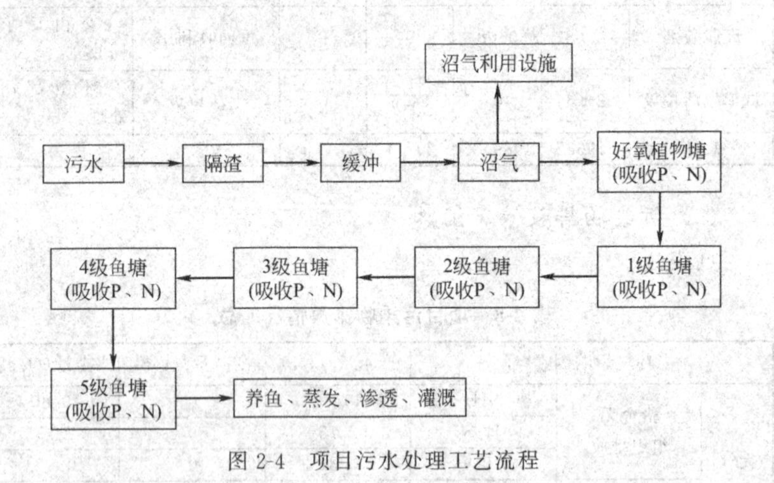

图 2-4　项目污水处理工艺流程

A. 沼气发酵池　项目将建 12 个地埋式的沼气发酵池，埋置深度在地平面 30cm 左右。采用并联的方式与沼气利用系统相接，12

个池既可单独运行，又可以互相调配进料量。沼气发酵池采用钢筋混凝土卧式结构，每口发酵罐容积为320m^3，高浓度废水的处理能力可达300t/d，发酵停留时间为10天。

B. 好氧植物塘 设立一个稳定塘收集各沼气池排出的沼液，以便调节水量和综合利用。沼液在稳定塘中经7天左右的稳定后才可施用。

本项目污水处理措施可行的必要条件是能将产生的沼气完全收集不向外排放，并加以充分利用，以防止产生二次污染。沼气产量随气温变化，冬季产气少一些，可采用热水清洗猪圈以提高发酵池的温度；夏季产气量较高。本项目沼气产生量大，通过专用管道进行收集，为防腐蚀输气管应使用PVC塑料管；沼气经过脱硫脱水净化后进入储气罐。

② 沼液输送系统 项目每天产生沼液138t，通过沼液输送系统输送到水产养殖区进行综合利用。沼液输送系统由集水池、加压泵、节水阀和输水管道组成。本项目的水产养殖区面积达到160亩(15亩=1公顷，后同)，分布在生猪养殖基地的周围，为沼液输送管道的铺设提供了良好的场地条件。

③ 鱼塘系统 场区鱼塘总面积160亩，平均水深1.5m，植物塘中所养植物为水浮莲，鱼塘中所养鱼的种类为主要为埃及塘虱。为保证项目废水不排入外环境，利用场内鱼塘作为稳定塘对废水进行处理和利用，5个鱼塘利用高度差串联设置，前一级的鱼塘水往下一级的鱼塘排入，最后一级鱼塘溢流水利用抽水泵输送至第一个鱼塘，同时，利用蒸发和渗透消耗鱼塘里水分。

(2) 废气污染防治

① 沼气的净化和利用措施

A. 沼气净化措施 沼气由55%～70%的甲烷、25%～40%的二氧化碳和少量的氮硫化物和硫化氢组成。养猪废水产生的沼气中一般含有0.01%～0.5%的H_2S，沼气利用设备要求沼气中H_2S的含量低于0.009%，所以必须设置脱硫装置。沼气从发酵池流入管道，先经过冷凝水去除罐和脱硫装置以净化沼气，沼气净化后再进入储气柜，最后输送到各种沼气利用装置，本项目通过生活生产用热，解决沼气的出路问题。

冷凝水及杂质的去除：沼气是高湿度的混合气，自发酵池进入管道时，温度逐渐降低，管道中会产生大量含杂质的冷凝水，如果不从系统中除去，容易堵塞、破坏管道设备。沼气管道最靠近发酵池的位置，沼气温降值最大，产生的冷凝水最多，可在此点设置冷凝水去除罐。在沼气系统中，管线一般都设计为1%左右或更大的坡度，低点设置冷凝水去除罐。较长的管线特别考虑一定的距离设置一个去除罐。另外在重要设备如沼气压缩机、沼气锅炉、废气燃烧器、脱硫塔等设备沼气管线入口，在气柜的进口都应设置冷凝水去除罐。运营过程中操作人员应每天检查冷凝水去除器（特别是靠近消化池），有大量的冷凝水排出是正常运行的标志。

硫化氢的去除（干法脱硫）：养猪废水产生的沼气中含有0.01%～0.5%的 H_2S，拟采用干法脱硫。在圆柱状脱硫塔内装填一定高度的脱硫剂，沼气自下而上通过脱硫剂，H_2S 被吸附在填料层中去除，净化后气体从容器另一端排出。正常情况下，净化后气体含硫量在 1mg/m^3 以下。常用的脱硫剂为氧化铁，其粒状为圆柱状，氧化铁脱硫的原理如下：$Fe_2O_3 \cdot H_2O + 3H_2S \longrightarrow Fe_2S_3 \cdot H_2O + 3H_2O$。由反应方程式可以看出，随着沼气的不断产生，氧化铁吸收 H_2S 达到一定的量，H_2S 的去除率将降低，直至失效，可将其交生产厂家回收再生后使用。

B. 沼气利用系统　空气中沼气含量达 8.6%～20.8%（体积分数）时，如遇明火会引起爆炸，混合比超过此值时，是燃烧热值约 4500～6000kcal/m^3 的燃料。

由于沼气经净化后含硫量已低于 0.005%，经燃烧产生的尾气主要成分为二氧化碳和水，SO_2 的含量极低，无烟尘产生，各项污染物均可直接达标排放，不会对环境造成污染。本项目的沼气利用系统为沼气热水器。

② 猪舍中灰尘及无组织排放废气的防治措施

A. 猪的粪尿中含有大量的有机物质，排出体外后会迅速腐败发酵，产生恶臭气体，根据广东省《畜禽养殖业污染物排放标准》(DB 44/613—2009)，按项目规模其臭气浓度（无量纲）必须控制在60以下。项目拟采用人工干清粪工艺（日清），尽量减少猪粪的含水率，采用调节pH值的措施，创造不利于厌氧菌活动的条件以减少不良气体的产生。

B. 按照规范设计建造猪舍，通过加强猪舍的通风、改善饲养管理（提高饲料利用率、及时清理粪便）等措施改善猪舍的空气质量；

C. 利用植物吸滞灰尘和吸收降解不良气体，在场区各恶臭发生源周围尽可能进行绿化，大量栽种桉树、柑橘、柚、桃、李、橄榄树等，可以减轻空气污染，净化场区空气。为减少恶臭废气对场外的影响，建议在场区周围空地种植高大乔木，以阻隔恶臭气体的扩散和无组织排放废气对周围环境的影响。

③ 食堂油烟废气　员工食堂使用液化石油气作为燃料，火烟中大气污染物的排放量较小，油烟通过油烟净化器收集处理后，高于楼顶天面3m高空排放，处理后的烟气符合《饮食业油烟排放标准》(GB 18483—2001)，油烟浓度低于2.0mg/m^3。

(3) 噪声污染防治

项目运行过程中，采用科学的生产工艺和管理措施，避免猪的争斗和哼叫；场内生产区禁止声响大的车辆运行；在猪舍周围大量植树，有效降低外来噪声。通过以上措施处理后，猪场产生的噪声对周围环境影响不大。

(4) 固体废物污染防治

项目运行过程中产生的固体废物主要包括有以下几种：一是猪粪；二是污水处理设施产生的沼渣；三是废弃饲料；四是病死猪只、胞衣；五是员工办公生活垃圾。项目运行过程中，固体废物的治理措施主要有以下几点。

① 猪粪　采用“干清粪工艺”收集猪舍内的猪粪，并通过加

强管理，保障猪粪回收率达到80%。这样一方面可降低养猪废水污染物的浓度，另一方面也可以降低猪粪的含水率，方便猪粪的后续处理。企业先将其收集于各分区的集粪池，然后汇集到厂区的总集粪池进行统一处理，猪粪经无害化处理后外卖用于生产有机复合肥料或作为农作物的肥料使用。

"干清粪工艺"说明：干清粪工艺是将猪栏后半部分设为水泥斜坡，粪便漏落后在斜坡上，实现粪便和污水在猪舍内自动分离。干粪采用人工每天清粪，尿及污水从下水道流出，分别进入粪尿收集系统和污水收集系统，再分别进行处理。干清粪工艺可使干粪收集率达到或超过80%，同时还可以减少冲洗水量约30%。粪尿与污水分离，可减少猪粪便进入污水中，减轻污水处理系统压力。

② 病死猪只及胞衣　普通病死猪只及胞衣按《畜禽养殖业污染防治技术规范》（HJ/T 81—2001）有关规定由企业自行作深井填埋；若因为传染性疾病死亡的猪只，则属于《广东省严控废物名录》中规定的HY03类严控废物，企业按照制定的《防疫检疫制度》上报上级部门进行检查处理，并由上级部门制定处理方案。

③ 污水处理设施产生的沼渣可作为肥料外卖。

④ 员工生活垃圾交由环卫部门处理。

思考与练习

1. 国家和广东省分别制定实施了哪些生猪养殖行业的产业政策、技术规范和标准?

2. 生猪养殖企业的猪舍废气有哪些防治措施?

3. 为了开展本案例中的污染源分析工作，需要向建设单位搜集哪些基础资料和数据?

案例三　锅炉项目污染源分析案例

一、行业背景

1. 锅炉定义

锅炉是一种利用燃料燃烧后释放的热能或工业生产中的余热传递给容器内的水，使水达到所需要的温度（热水）或一定压力蒸汽的热力设备。锅炉由“锅”（即锅炉本体水压部分）、“炉”（即燃烧设备部分）、附件仪表及附属设备构成的一个完整体。锅炉在“锅”与“炉”两部分同时进行，水进入锅炉以后，在汽水系统中锅炉受热面将吸收的热量传递给水，使水加热成一定温度和压力的热水或生成蒸汽，被引出应用。在燃烧设备部分，燃料燃烧不断放出热量，燃烧产生的高温烟气通过热的传播，将热量传递给锅炉受热面，而本身温度逐渐降低，最后由烟囱排出。“锅”与“炉”一个吸热，一个放热，是密切联系的一个整体设备。

锅炉在运行中由于水的循环流动，不断地将受热面吸收的热量全部带走，不仅使水升温或汽化成蒸汽，而且使受热面得到良好的冷却，从而保证了锅炉受热面在高温条件下安全的工作。

2. 锅炉分类

由于工业锅炉结构形式很多，且参数各不相同，用途不一，故到目前为止，我国还没有一个统一的分类规则。其分类方法是根据所需要求不同，分类情况就不同，常见的有以下几种。

（1）按用途分类

① 动力锅炉　用于动力（船用、机车等）；发电。特征：高

压、高温、大容量。

② 供热（工业）锅炉　用于工业、暖通空调。特征：低参数、小容量。

（2）按锅炉出口介质分类

分为蒸汽锅炉；热水锅炉；汽、水两用锅炉。

（3）按采用的燃料分类

① 燃煤锅炉　煤为主要燃料。

② 燃油锅炉　轻柴油、重油等液体燃料。

③ 燃气锅炉　天然气、液化石油气、人工燃气等气体燃料。

④ 混合燃料锅炉　煤、油、气等混合燃料。

⑤ 废料锅炉　垃圾、树皮、甘蔗渣等废料。

⑥ 余热锅炉　以冶金、石油、化工等工业余热、余气为加热介质的锅炉燃料。

⑦ 其他能源锅炉　以原子能、太阳能、地热能、电能等能源为热源的锅炉。

（4）按锅炉的工作压力分类

① 低压锅炉　$p \leqslant 2.5$MPa。

② 中压锅炉　p 为 2.6～5.9MPa。

③ 高压锅炉　p 为 6.0～13.9MPa。

④ 超高压锅炉　$p \geqslant 14$MPa。

⑤ 亚临界锅炉　p 为 14.0～22MPa。

⑥ 超临界锅炉　$p \geqslant 22$MPa。

（5）按锅筒放置的方式分类

分为立式锅炉、卧式锅炉。

（6）按燃烧方式分类

分为层燃炉、室燃炉和介于两者之间的沸腾炉（流化床锅炉）。

图 3-1 所示为燃油蒸汽锅炉（卧式），图 3-2 所示为燃煤热水锅炉（立式）。

图 3-1　燃油蒸汽锅炉（卧式）

图 3-2　燃煤热水锅炉（立式）

3. 锅炉参数

对蒸汽锅炉而言，锅炉参数是指锅炉的蒸发量、工作压力及蒸汽温度。对热水锅炉而言，锅炉参数是指锅炉的热功率、出水压力及供回水温度。

（1）蒸发量（D）

蒸汽锅炉长期安全运行时，每小时所产生的蒸汽数量，即该台锅炉的蒸发量，用“D”表示，单位为吨/小时（t/h）。

(2) 热功率(供热量 Q)

热水锅炉长期安全运行时,每小时出水有效带热量。即该台锅炉的热功率,用“Q”表示,单位为兆瓦(MW),工程单位为 10^4 kcal/h(1kcal=4.1858kJ)。

(3) 工作压力

工作压力是指锅炉最高允许使用的压力。工作压力根据设计压力来确定,通常用 MPa 来表示。

(4) 温度

温度是标志物体冷热程度的一个物理量,同时也是反映物质热力状态的一个基本参数,用“t”表示,单位通常为摄氏度(℃)。

锅炉铭牌上标明的温度是锅炉出口处介质的温度,又称额定温度。对于无过热器的蒸汽锅炉,其额定温度是指锅炉额定压力下的饱和蒸汽温度;对于有过热器的蒸汽锅炉,其额定温度是指过热器出口处的蒸汽温度;对于热水锅炉,其额定温度是指锅炉出口的热水温度。

4. 锅炉型号

我国工业锅炉产品的型号的编制方法是依据《工业锅炉产品型号编制方法》(JB 1626)标准规定进行的。其型号表示由三部分组成,各部分之间用短线隔开(示意见图 3-3)。各部分表示内容如下。

型号的第一部分表示锅炉本体形式、燃烧设备形式或燃烧方式、额定蒸发量或额定热功率。共分三段,第一段用两个大写汉语拼音表示锅炉本体形式(见表 3-1);第二段用一个大写汉语拼音字母代表燃烧设备形式或燃烧方式(废热锅炉无燃烧方式代号,见表 3-2);第三段用阿拉伯数字表示蒸汽锅炉的额定蒸发量,单位为 t/h,或热水锅炉的额定热功率,单位为 MW 或废热锅炉的受热面,单位为 m^2。各段连续书写。

型号的第二部分表示介质参数。对蒸汽锅炉分两段,中间用斜线相连,第一段用阿拉伯数字表示额定蒸汽压力,单位为 MPa;

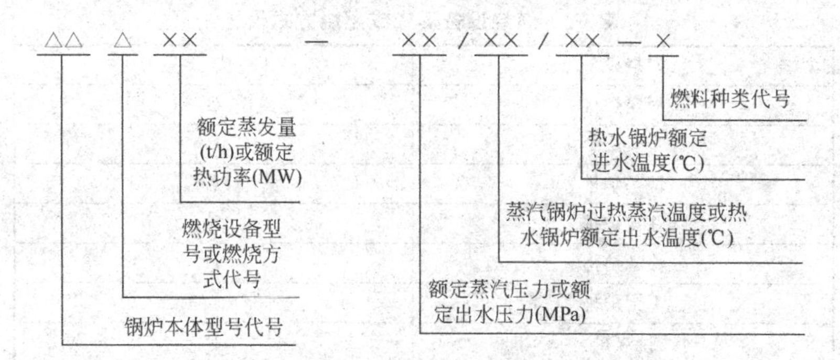

图 3-3 工业锅炉产品型号组成示意

第二段用阿拉伯数字表示过热蒸汽温度，单位为℃，蒸汽温度为饱和温度时，型号的第二部分无斜线和第二段。对热水锅炉分三段，中间也用斜线相连，第一段用阿拉伯数字表示额定出水压力，单位为 MPa；第二段和第三段分别用阿拉伯数字表示额定出水温度和额定进水温度，单位为℃。

型号的第三部分表示燃料种类。用大写汉语拼音字母代表燃料品种，同时以罗马数字代表同一燃料品种的不同类别与其并列（见表 3-3）。如同时使用几种燃料，主要燃料放在前面，中间以顿号隔开。

表 3-1 锅炉本体形式代号

锅炉类型	锅炉本体形式	代号
锅壳锅炉	立式水管	LS
	立式火管	LH
	立式无管	LW
	卧式外燃	WW
	卧式内燃	WN
水管锅炉	单锅筒立式	DL
	单锅筒纵置式	DZ
	单锅筒横置式	DH
	双锅筒纵置式	SZ
	双锅筒横置式	SH
	强制循环式	QX

注：水火管混合式锅炉，以锅炉主要受热面形式采用锅壳锅炉或水管锅炉本体形式代号，名称中应写明“水火管”字样。

表 3-2 燃烧设备形式或燃烧方式代号

燃烧设备	代号
固定炉排	G
固定双层炉排	C
链条炉排	L
往复炉排	W
滚动炉排	D
下饲炉排	A
抛煤机	P
鼓泡流化床燃烧	F
循环流化床燃烧	X
室燃炉	S

表 3-3 燃烧种类代号

燃料种类	代号
Ⅱ类无烟煤	WⅡ
Ⅲ类无烟煤	WⅢ
Ⅰ类烟煤	AⅠ
Ⅱ类烟煤	AⅡ
Ⅲ类烟煤	AⅢ
褐煤	H
贫煤	P
型煤	X
水煤浆	J
木柴	M
稻壳	D
甘蔗渣	G
油	Y
气	Q

【例 1】LSG0.5 — 0.4 — AⅢ　表示立式水管固定炉排，额定蒸发量为 0.5t/h，额定蒸汽压力为 0.4MPa，蒸汽温度为饱和温度，燃用Ⅲ类烟煤的蒸汽锅炉。

【例 2】DZL4 — 1.25 — WⅡ　表示单锅筒纵置式水管链条炉排，额定蒸发量为 4t/h，额定蒸汽压力为 1.25MPa，蒸汽温度为饱和温度，燃用Ⅱ类无烟煤的蒸汽锅炉。

【例 3】SZS10 — 1.6/350 — Y、Q　表示双锅筒纵置式室燃，额定蒸发量为 10t/h，额定蒸汽压力为 1.6MPa，过热蒸汽温度为 350℃，燃油、燃气两用，以燃油为主的蒸汽锅炉。

【例 4】SHX20 — 2.5/400 — H　表示双锅筒横置式循环流化床燃烧，额定蒸发量为 20t/h，额定蒸汽压力为 2.5MPa，过热蒸汽温度为 400℃，燃用褐煤的蒸汽锅炉。

【例 5】QXW2.8 — 1.25/95/70 — AⅡ　表示强制循环往复炉排，额定热功率为 2.8MW，额定出水压力为 1.25MPa，额定出水温度为 95℃，额定进水温度为 70℃，燃用Ⅱ类烟煤的热水锅炉。

5. 锅炉基本结构及结构特点

锅炉的结构，是根据所给定的蒸发量或热功率、工作压力、蒸汽温度或额定进出口水温，以及燃料特性和燃烧方式等参数，并遵循《蒸汽锅炉安全技术监察规程》《热水锅炉安全技术监察规程》及锅炉受压元件强度计算标准等有关规定确定设计和制造的。一台合格的锅炉，不论属于那种形式，都应满足“安全运行，高效低耗，消烟除尘，保产保暖”的基本要求。

(1) 国家法规对锅炉的基本要求

各受压元件在运行时应能按设计预定方向自由膨胀；保证各循环回路的水循环正常，所有的受热面都应得到可靠的冷却；各受压部件应有足够的强度；受压元、部件结构的形式，开孔和焊缝的布置应尽量避免减少复合应力和应力集中；水冷壁炉墙的结构应有足够的承载能力；炉墙应有良好的密封性；开设必要的人孔、手孔、检查孔、看火门、除灰门等，便于安装、运行操作、检修和清洗内外部；应有符合要求的安全附件及显示仪表等装置，保证设备正常运行；锅炉的排污结构应变于排污；卧式内燃锅炉炉胆与回燃室（湿背式）、炉胆与后管板（干背式）、炉胆与前管板（回燃式）的连接处应采用对接接头。

(2) 立式锅壳锅炉

立式锅壳锅炉主要有立式横水管锅炉和立式多横水管锅炉、立式直水管锅炉、立式弯水管锅炉和立式火管锅炉等，目前应用较多的是后三种。由于立式锅炉的热效率低和机械化燃烧问题难以解决，并且炉膛水冷程度大，不宜燃用劣质煤，目前产量逐渐减少，只是局限在低压小容量及环境保护控制不严及供电不正常的地方少量应用。如LHG系列产品。

(3) 卧式锅壳锅炉

卧式锅壳式锅炉是工业锅炉中数量最多的一种。目前已由原来最大生产4t/h（少量的也有6t/h）发展到可以生产40t/h锅壳式锅炉。

① 卧式内燃锅壳式锅炉　卧式内燃锅壳式锅炉以其高度和尺寸较小，适合组装化的需求，采用微正压燃烧时，密封问题容易解决，而炉膛的形状有利于燃油燃气，故在燃油（气）锅炉应用较多，燃煤锅炉应用较少。如WNS系列卧式内燃室燃锅壳式燃油（气）锅炉。

② 卧式外燃锅壳式锅炉　这是我国工业锅炉中使用的最多、最普遍的一种炉型，按现行的工业锅炉型号编制方法，应用代号WW，但目前国内锅炉行业均用水管锅炉的形式代号DZ来表示。如DZL系列产品。

卧式外燃水火管锅炉与卧式内燃水火管锅炉的主要区别，在于卧式外燃水火管锅炉将燃烧装置从锅壳中移出来，加大了炉排面积和炉膛体积，并在锅壳两侧加装了水冷壁管，组成燃烧室，为煤的燃烧创造了良好条件，因此燃料适应性较广，热效率较高。

③ 水管锅炉　水管锅炉在锅筒外部设水管受热面，高温烟气在管外流动放热，水在管内吸热。由于管内横断面比管外小，因此汽水流速大大增加，受热面上产生的蒸汽立即被冲走，这就提高了锅水吸热率。与锅壳式锅炉相比水管锅炉锅筒直径小，工作压力高，锅水容量小，一旦发生事故，灾害较轻，锅炉水循环好，蒸发

效率高，适应负荷变化的性能较好，热效率较高。因此，压力较高，蒸发量较大的锅炉都为水管锅炉。

常见的水管锅炉有双锅筒横直式水管、双锅筒纵置式水管锅炉和单锅筒纵置式水管锅炉，如 SZL 系列产品。

④ 热水锅炉　热水锅炉是指水在锅炉本体内不发生相变，即不发生蒸汽，回水被送入锅炉后通过受热面吸收了烟气的热量，未达到饱和温度便被输入热网中的一种热力设备。

热水锅炉具备如下特点：工作压力取决于热系统的流动阻力和定压值。热水锅炉铭牌上给出的工作压力只是表明锅炉强度允许承受的压力，而在实际运行中，锅炉压力往往低于这个值，因此热水锅炉的安全裕度比较大；烟气与锅水温差大，水垢少，因此传热效果好，效率较高；使用热水锅炉采暖的节能效果比较明显，热水锅炉采暖不存在蒸汽采暖的蒸汽损失，并且排污损失也大为减少，系统及疏水器的渗漏也大为减少，散热损失也同样随之减少，因此热水采暖系统比蒸汽采暖系统可节省燃料 20%左右；锅炉内任何部分都不允许产生汽化，否则会破坏水循环；如水未经除氧，氧腐蚀问题突出；尾部受热面容易产生低温酸性腐蚀；运行时会从锅水中析出溶解气体，结构上考虑气体排除问题。

热水锅炉的结构形式有管式热水锅炉和锅筒式热水锅炉两种。管式热水锅炉锅炉有管架式和蛇管式两种，前者较为常见；管式热水锅炉是借助循环泵的压头使锅水强迫流动，并将锅水直接加热；这种锅炉大都由直径较小的筒体（集箱）与管子组成，结构紧凑，体积小，节省钢材，加工简便，造价较低。但是这种锅炉水容量小，在运行中如遇突然停电，锅水容易汽化，并可能产生水击现象。锅筒式热水锅炉早期大都是由蒸汽锅炉改装而成的，其锅水在锅炉内属自然循环。为保证锅炉水循环安全可靠，要求锅炉要有一定高度，因此这类锅炉体积较大，钢耗和造价相对提高。但是由于这类锅炉出水容量大且能维持自然循环，当系统循环泵突然停止运行时，可以有效地防止锅水汽化。也正是这个原因，近年来自然循环热水锅炉在我国发展较快。

(4) 燃油(气)锅炉结构特点

燃油(气)锅炉与燃煤锅炉比较,由于使用燃料不同而在结构上具有以下特点:燃料通过燃烧器喷入锅炉炉膛,采用火室燃烧而无需炉排设施;由于油、气燃烧后均不产生灰渣,故燃油(气)锅炉无排渣出口和除渣设备;喷入炉内的物化油气或燃气,如果熄火或与空气在一定范围内混合,容易形成爆炸性气体,因此燃油(气)锅炉均需采用自动化燃烧系统,包括火焰监测、熄火保护、防爆等安全设施;由于油、气发热量远远大于煤的发热量,故其炉膛热强度较燃煤炉高得多,所以与同容量的燃煤锅炉比较,锅炉体积小,结构紧凑、占地面积小;燃油(气)锅炉的燃烧过程是在炉膛中悬浮进行,故其炉膛内设置前后拱,炉膛结构非常简单。

(5) 燃油锅炉与燃气锅炉的区别

燃油锅炉与燃气锅炉,就本体结构而言没有多大的区别,只是由于燃料热值不同,将受热面做了相应的调整。两者区别如下:燃油锅炉辐射受热面积较大,而燃气锅炉则是将对流受热面设计的大些;燃油锅炉所配燃烧器必须有油物化器,而燃气锅炉所配燃烧器则无需物化器;燃油锅炉,必须配置一套较复杂的供油系统(特别是燃烧重油、渣油时),如油箱、油泵、过滤器加热管道等,必须占据一定的空间,而燃气锅炉,则无需配置储气装置。只需将用气管道接入供气网即可,当然,在管道上还需设置调压装置及电磁阀、缓冲阀等附件,以确保锅炉安全运行。

6. 锅炉燃料

锅炉用燃料分为以下三类。

① 固体燃料　烟煤,无烟煤,褐煤,泥煤,油页岩,木屑,甘蔗渣,稻糠等;

② 液体燃料　重油,渣油,柴油等;

③ 气体燃料　天然气,人工燃气,液化石油气等。

(1) 煤

① 煤的成分　自然界里煤是多种物质组成的混合物,它的主

要成分有碳、氢、氧、氮、硫、灰分和水分等。其中的可燃成分是碳、氢、硫（煤中的硫只有挥发硫是可燃的）。

碳：用符号C表示，是煤的主要成分，煤的含碳量愈多，发热量越高。不过含碳量较高的煤较难着火，这是因为碳在比较高的温度下才能燃烧。一般碳约占燃料成分的50%～90%。

氢：用符号H表示，是煤中最活泼的成分，煤中含量越多，燃料越容易着火，煤中氢量约为2%～5%。

硫：用符号S表示，是煤中的一种有害元素。硫燃烧生成二氧化硫（SO_2）或三氧化硫（SO_3）气体，污染大气，对人体有害，这些气体又与烟气中水蒸气凝结在受热面上的水珠结合，生成亚硫酸（H_2SO_3）或硫酸（H_2SO_4）腐蚀金属。不仅如此，含硫烟气排入大气还会造成环境污染。含硫多的煤易自燃。我国煤的硫含量为0.5%～5%。

氧：用符号O表示，是不可燃成分，煤中含氧为1%～10%。

氮：用符号N表示，是不可燃成分，但在高温下可与氧反应生成氮氧化物（NO_x），它是有害物质。在阳光紫外线照射下，可与碳氢化合物作用而形成光学氧化剂，引起大气污染。

灰分：用符号A表示，是煤中不能燃烧的固体灰渣，由多种化合物构成。熔化温度低的灰，易软化结焦，影响正常燃烧，所以，灰分多，煤质差。煤中灰分约占5%～35%。

水分：用符号M表示，煤中水分过多会直接降低煤燃烧所发生的热量，使燃烧温度降低。

② 煤的成分分析　煤的成分分析有元素分析和工业分析两种。元素分析是测定煤的碳、氢、氧、氮、硫等元素含量。工业分析是把煤加热到不同温度和保持不同的时间而获得水分、挥发分、固定碳、灰分的百分组成。对同一种煤而言，用工业分析能比较出其煤质好坏，但想判别煤化程度高低、生成煤的地质年代、准确判断它的化学反应，必须用元素分析。

煤的成分组成是用各成分质量占总质量的质量分数表示，由于煤中水分、灰分的含量受到外界条件的影响，其他成分的质量分数也随之发生变化，所以不能简单地用百分比来表示煤中各种成分，而必须根据煤的存在条件定出几种基准，表示在不同状态下煤中各组成成分的含量。为有利于应用和分析，采取四种不同“基”的质量成分表示方法，各种“基”之间可以相互换算。

收到基（应用基）：表示实际应用的煤（炉前煤）中各组成成分的质量分数的总和，它以包括水分在内的七种成分之和为100%，用下角码ar表示。

$$C_{ar}+H_{ar}+O_{ar}+N_{ar}+S_{ar}+A_{ar}+M_{ar}=100\%$$

空气干燥基：表示不含外在水分条件下，煤中各组成成分的质量分数的总和，它以包括内在水分在内的七种成分之和为100%，用下角码ad表示。

$$C_{ad}+H_{ad}+O_{ad}+N_{ad}+S_{ad}+A_{ad}+M_{ad}=100\%$$

干燥基：表示不含水分条件下，煤中各组成成分的质量分数的总和，它以不包括水分在内的六种成分之和为100%，用下角码d表示。

$$C_{d}+H_{d}+O_{d}+N_{d}+S_{d}+A_{d}=100\%$$

干燥无灰基：表示不含水分和灰分条件下，煤中各组成成分的质量分数的总和，它以不包括水分和灰分在内的五种成分之和为100%，用下角码daf表示。

$$C_{daf}+H_{daf}+O_{daf}+N_{daf}+S_{daf}=100\%$$

煤的工业分析主要指标如下。

水分（W_y）：包括内在水分、外在水分。

挥发分（V_r）：失去水分的干燥煤样，在隔绝空气的条件下，加热到一定温度时，析出的气态物质的百分含量。挥发分主要有C—H化合物、H_2、CO、H_2S等可燃气体和少量O_2、CO_2和N_2组成；煤中挥发分逸出后，如与空气混合不良，在高温缺氧条件下易化合成难以燃烧的高分子复合烃，产生炭黑，造成大量黑烟。

灰分（A_g）：煤燃烧后的残留物质。

固定碳（C_{gd}）：煤中的可燃物质，煤燃烧主要是固定碳的燃烧。

③ 煤的发热量　煤的发热量是指单位质量的煤完全燃烧时所放出的全部热量，用 Q 表示，单位为 kJ/kg。考虑到煤的燃烧产物中水的状态（蒸汽态或凝结水态）不同，发热量分为高位发热量和低位发热量两种。

高位发热量是指 1kg 煤完全燃烧后所产生的全部热量，用 $Q_{gr,v,\times\times}$ 表示（××代表“基”），单位为 kJ/kg。低位发热量是指 1kg 煤完全燃烧后所产生的全部热量中，减去煤中水分（煤中有机质中的氢燃烧后生成的氧化水，以及煤中游离水和化合水）的汽化热（蒸发热），剩下的实际可以使用的热量，用 $Q_{net,v,\times\times}$ 表示（××代表“基”），单位为 kJ/kg。燃煤工业锅炉的排烟温度一般为 160～200℃，烟气中水蒸气处于蒸汽状态，其汽化热随烟气带走，所以，在燃煤锅炉的热工计算中，均采用低位发热量作为计算依据。高、低位发热量可以相互转换，其差值和煤中氢、水分含量有关。

我国目前的锅炉燃烧设备都是按实际应用煤的低位发热量来进行计算的。煤的品种不同，其发热量往往差别很大。在锅炉出力不变的情况下，燃用发热量高的煤时，耗煤量就小，燃用发热量低的煤时，其耗煤量必然增加。因此，笼统地讲燃料消耗量的大小而不考虑煤种，则不能正确反映锅炉设备运行的经济性。为了能正确地考核锅炉设备运行的经济性，通常将 $Q_{dw}=7000$kcal/kg（约合 29300kJ/kg）的煤定义为标准煤，这样便于计算和考核。

④ 煤的燃烧　煤完全燃烧需具备如下条件：适量的空气；一定的燃烧温度；燃料与空气的混合均匀性；充分的燃烧时间。

煤的燃烧过程为：预热干燥→挥发分析出并开始着火燃烧→固定碳着火燃烧→固定碳的燃烧→灰渣的形成。

（2）燃料油

① 燃料油的物理特性

密度：单位体积内物质的质量称为“密度”（γ）。油的密度为 0.78～0.98t/m^3，所以油比水轻，通常能浮在水面上。

发热量（Q）：油的密度越小，则发热量越高。由于油中的碳、氢含量比煤高，因此其发热量约为39800～44000kJ/kg。

比热容（C）：将1kg物质加热，温度每升高1℃所需的热量称之为该物质的比热容。单位是kJ/(kg·℃)。

凝固点：油的凝固点表示油在低温下的流动特性。

黏度：油的流动速度，不仅决定于使油流动的外力，而且也取决于油层间在受外力作相对运动的内部阻力，这个内部阻力就称为黏度。油的黏度随温度升高而降低，随温度下降而增大。

沸点：液体发生沸腾时温度称为沸点。油品没有一个恒定的沸点，而只有一个沸点范围。

闪点：燃油表面上的蒸汽和周围空气的混合物与火接触，初次出现黄色火焰的闪光的温度称为闪点或闪光点。闪点表示油品的着火和爆炸的危险性，关系到油品储存、输送和使用的安全。闪点≤45℃的油品称为易燃品。在燃油运行管理中，除根据油种闪点确定允许的最高加热温度外，更须注意油种的变化及闪点的变化。

燃点（着火点）：在常压下，油品着火连续燃烧（时间不少于5s）时的最低温度称为燃点或着火点。无外界明火，油品自行着火燃烧时最低温度称为自燃点。

爆炸浓度界限：油蒸气与空气混合物的浓度在某个范围内，遇明火或温度升高就会发生爆炸，这个浓度范围就称为该油品的爆炸浓度界限。油品很容易在摩擦时生成静电，在静电作用下，油层被击穿，会导致放电，而产生火花，此火花可将油蒸气引燃。因此，静电是油品发生燃烧和爆炸的原因之一。

② 常用燃油特点　重油：重油的相对密度和黏度较大，脱水困难，流动性差；沸点和闪点较高，不易挥发；其特性与原油产地，配制原料的调和比有关。

渣油：硫分含量较高；相对密度较大；黏度和凝固点都比较高；作为锅炉燃油时必须注意防止低温腐蚀。

柴油：分为轻柴油和重柴油，工业锅炉上常用轻柴油作为燃料，轻柴油黏度小，流动性好，在运输和物化过程中，一般不需要加热；含硫量较小，对环境污染也小；易挥发，火灾危险性大，运输和使用中应特别注意。

（3）气体燃料

① 气体燃料的化学组成　气体燃料的化学成分由可燃部分和不可燃部分组成。可燃部分有氢、一氧化碳、甲烷、乙烯、乙烷、丙烯、丙烷、苯、硫化氢等。不可燃成分有氮、氧、二氧化碳、二氧化硫和水蒸气。

② 分类

天然气：目前我国城市使用的气体燃料主要是天然气。发热量为 36533kJ/m^3，爆炸极限的上限为 15.0%，下限为 5.0%。

人工燃气：是指以煤或石油产品为原料，经过各种加工方法而产生的燃气。

油制气：是指以石油产品为原料，经过各种加工方法而产生的燃气。

液化石油气：是指在开采和炼制石油过程中，作为副产品而获得的一种碳氢化合物。

③ 特点　气体燃料具有基本无公害燃烧的综合特性；容易进行燃烧调节；作业性好，即燃气系统简单，操作管理方便，容易实现自动化；容易调整发热量，如城市煤气可以通过煤制气和油制气的混合比例来调整和维持发热量；易燃易爆且有毒，气体燃料与空气在一定比例下混合会形成爆炸性气体。另外气体燃料大多数成分对人体和动物是窒息性的或有毒的。

7. 锅炉设备构成

锅炉设备是由锅炉本体和辅助设备两大部分构成。

（1）锅炉本体

锅炉本体是由“锅”（接受高温烟气的热量并将其传给工质的受热面系统）和“炉”（将燃料的化学能转变为热能的燃烧系统）两大部分组合在一起构成的。

“锅”是指承受内部或外部作用压力、构成封闭系统的各种部件，包括锅壳、锅筒（汽包）、水冷壁、锅炉管束、汽水分离装置、蒸汽过热器、省煤器、排污装置等。

“炉”是指构成燃料燃烧场所的各组成部件，包括炉膛（燃烧室）和炉前煤斗、炉排、分配送风装置。

锅炉本体中两个最主要的部件是炉膛（燃烧室）和锅筒（汽包）。

① 炉膛　炉膛又称燃烧室，是供燃料燃烧的空间。将固体燃料放在炉排上，进行火床燃烧的炉膛称为层燃炉，又称火床炉；将液体、气体或磨成粉状的固体燃料，喷入火室燃烧的炉膛称为室燃炉，又称火室炉；空气将煤粒托起使其呈沸腾状态燃烧，并适于燃烧劣质燃料的炉膛称为沸腾炉，又称流化床炉；利用空气流使煤粒高速旋转，并强烈燃烧的圆筒形炉膛称为旋风炉。

炉膛的横截面一般为正方形或矩形。燃料在炉膛内燃烧形成火焰和高温烟气，所以炉膛四周的炉墙由耐高温材料和保温材料构成。在炉墙的内表面上常敷设水冷壁管，它既保护炉墙不致烧坏，又吸收火焰和高温烟气的大量辐射热。

炉膛设计需要充分考虑使用燃料的特性，每台锅炉应尽量燃用原设计的燃料。燃用特性差别较大的燃料时，锅炉运行的经济性和可靠性都可能降低。

② 锅筒　锅筒是自然循环和多次强制循环锅炉中，接受省煤器来的给水、联接循环回路，并向过热器输送饱和蒸汽的圆筒形容器。锅筒筒体由优质厚钢板制成，是锅炉中最重要的部件之一。

锅筒的主要功能是储水，进行汽水分离，在运行中排除锅水中的盐水和泥渣，避免含有高浓度盐分和杂质的锅水随蒸汽进入过热器。

锅筒内部装置包括汽水分离和蒸汽清洗装置、给水分配管、排污和加药设备等。其中汽水分离装置的作用是将从水冷壁来的饱和蒸汽与水分离开来，并尽量减少蒸汽中携带的细小水滴。

（2）锅炉辅助设备

锅炉辅助设备包括燃料供应系统、送引风系统、汽水系统、除灰渣设备、烟气净化设备以及自动控制系统。

① 燃料供应系统　其作用是保证供应锅炉连续运行所需要的符合质量要求的燃料，包括燃料储存设备、燃料运输设备和燃料加工设备。

② 送、引风设备　给锅炉送入燃烧所需要的空气，并从炉膛内引出燃烧产物——烟气，以保证锅炉正常燃烧，包括送风机、引风机、风道、烟道和烟囱等。

③ 汽、水系统设备　包括蒸汽、给水、排污三大系统。蒸汽系统的作用是将合格蒸汽送往用户，包括蒸汽管、分汽缸；给水系统是将经过水处理后的符合锅炉水质要求的给水送入锅炉，包括水泵、水箱、给水管、水的除硬、除碱、除盐、除气设备；排污系统的作用是将锅水中的沉渣和盐分杂质排除掉，使锅水符合锅炉水质标准，包括排污管、连续排污膨胀器、定期排污膨胀器等。

④ 除灰渣设备　将锅炉的燃烧产物——灰渣，连续不断地除去并运往灰渣场，包括除渣机、沉灰池、渣斗、渣场、推灰渣机。

⑤ 烟气净化系统设备　包括烟气除尘、脱硫、脱硝设备，其作用是除去烟气中夹带的固体微粒——飞灰和二氧化硫、氮氧化物等有害物质，包括重力除尘器、惯性除尘器、布袋除尘器、电除尘器、水膜除尘器、二氧化硫吸收塔、脱硝装置等。

⑥ 仪表及自动控制设备　对运行的锅炉进行自动检测、程序控制、自动保护和自动调节。

8. 锅炉工作过程

本书以燃煤层燃蒸汽锅炉为例介绍锅炉的工作过程。燃煤层燃蒸汽锅炉的工作过程概括起来包括三个同时进行着的过程：燃料的燃烧过程、烟气向水的传热过程和水的汽化过程。

（1）燃煤燃烧过程

燃煤加到煤斗并落到炉排上，电机通过链条带动炉排转动，将燃煤带入炉内。燃煤一边燃烧一边向后移动，燃烧所需要的空气按比例（风煤比）由鼓风机送入炉排中间的风箱后，向上通过炉排达到燃烧层，使燃煤充分燃烧，形成高温烟气。燃煤燃烧后形成的灰渣，在炉排末端通过除渣板排入灰斗。

(2) 烟气向水传热过程

由于燃烧放热，炉膛内温度很高。在炉膛四周墙面上布置着一排水管（水冷壁），高温烟气和水冷壁进行强烈的辐射换热和对流换热，将热量传递给管内的水。继而烟气受引风机、烟囱引力作用向炉膛上方流动，经烟窗（炉膛出口）并通过防渣管后冲刷蒸汽过热器（蒸汽过热器是一组垂直放置的蛇形管受热面，使汽锅中产生的饱和蒸汽在其中受烟气加热而过热）。烟气流经过热器后又经过连接上、下炉筒间的对流管束，使烟气冲刷管束，再次以对流换热方式将热量传递给管束内的水，随后烟气进入空气预热器管内，以对流换热方式将热量传递给管外流动的空气，被加热的空气进入炉膛，使炉内燃烧强化、炉温升高，从而提高了锅炉热效率。至此烟气温度已降低到经济排烟温度，离开锅炉本体，经过除尘器除尘、脱硫、脱硝等一系列净化工艺后通过烟囱排出。

(3) 水的汽化过程

水的汽化过程就是蒸汽的产生过程，主要包括水循环和汽水分离。经过除盐、除气处理的水由泵加压，先流经省煤器而得到预热，然后进入汽锅的上锅筒。锅炉工作时，汽锅中的工作介质是处于饱和状态下的汽水混合物。位于烟温较低区域的对流管束，因受热较弱，汽水的容重较大；而位于烟气高温区的水冷壁和对流管束，相应水的容重较小，因而容重大的向下流入下锅筒，而容重小的向上流入上锅筒，形成了水的自然循环。汽水混合物在上锅筒内经过汽水分离装置进行汽水分离，饱和蒸汽由锅筒上部送入蒸汽过热器，与管外高温烟气进行对流换热，吸收高温烟气的热量形成过热蒸汽，经气温调节装置达到额定温度、压力后由分气缸分送热用户，而分离下来的水仍然回到上锅筒下部的水中。

9. 锅炉给水与排污

(1) 锅炉水处理的重要性

锅炉水质不良会使受热面结垢，大大降低锅炉传热效率，堵塞管子，受热面金属过热损坏，如鼓包、爆管等。另外还会产生金属腐蚀，减少锅炉寿命。因此，做好锅炉水处理工作对锅炉安全运行有着极其重要的意义。

① 结垢　水在锅内受热沸腾蒸发后，为水中的杂质提供了化学反应和不断浓缩的条件。当这些杂质在锅水中达到饱和时，就有固体物质产生。产生的固体物质，如果悬浮在锅水中就称为水渣；如果附着在受热面上，则称为水垢。

锅炉是一种热交换设备，水垢的生成会极大地影响锅炉传热。水垢的导热能力是钢铁的十几分之一到几百分之一。因此锅炉结垢会产生如下几种危害。

a. 浪费燃料：锅炉结垢后，使受热面的传热性能变差，燃料燃烧所放的热量不能及时传递到锅水中，大量的热量被烟气带走，造成排烟温度过高，排烟若损失增加，锅炉热效率降低。为保持锅炉额定参数，就必须多投加燃料，因此浪费燃料。大约 1mm 的水垢多浪费一成燃料。

b. 受热面损坏：结了水垢的锅炉，由于传热性能变差，燃料燃烧的热量不能迅速地传递给锅水，致使炉膛和烟气的温度升高。因此，受热面两侧的温差增大，金属壁温升高，强度降低，在锅内压力作用下，发生鼓包，甚至爆破。

c. 降低锅炉出力：锅炉结垢后，由于传热性能变差，要达到额定蒸发量，就需要消耗更多的燃料，但随着结垢厚度增加，炉膛容积是一定的，燃料消耗受到限制。因此，锅炉出力就会降低。

② 腐蚀

a. 金属破坏：水中含有氧气、酸性和碱性物质，都会对锅炉金属面产生腐蚀，使其壁厚减薄、凹陷，甚至穿孔，降低了锅炉强度，严重影响锅炉安全运行。尤其是热水锅炉，循环水量大，腐蚀更为严重。

b. 产生垢下腐蚀：含有高价铁的水垢，容易引起与水垢接触的金属腐蚀。而铁的腐蚀产物又容易重新结成水垢。这是一种恶性循环，它会迅速导致锅炉部件损坏。尤其是燃油锅炉金属腐蚀产物的危害更大。

③ 汽水共腾　产生汽水共腾的原因除了运行操作不当外，当炉水中含有较多的氯化钠、磷酸钠、油脂和硅化物时，或锅水中的有机物和碱作用发生皂化时，在锅水沸腾蒸发过程中，液面就产生泡沫，形成汽水共腾。

(2) 锅炉给水

工业锅炉生产蒸汽或热水供应给用户，由于用户用热方式的不同，有些用户是用蒸汽直接加热，凝结水不能回收或不能全部回收，再加上管网的泄漏，蒸汽或热水会有损耗，因此需要不断向锅炉补充水。

工业锅炉所用水源一般为经过自来水厂处理过的江湖水、地下水，这些水中的悬浮物和胶体杂质在自来水厂通过混凝和过滤处理后大部分被清除，但是水中的溶解性固形物（主要为钙、镁盐类）依然存在，受热后就会析出或浓缩沉淀出来，沉淀物的一部分成为锅水中的悬浮杂质——水渣，而另一部分则附着在锅炉的受热面的内壁，形成水垢，从而降低锅炉的热效率，还可能导致锅炉受热面因过热而鼓包或出现裂缝，发生爆管事故；锅炉给水中碱度过高，会导致锅水起泡沫，影响蒸汽品质，甚至产生锅炉的碱性腐蚀；水中的盐分在锅内受热时析出，形成固体水渣，增加了锅炉排污量，降低锅炉热效率；锅炉给水中的溶解氧和 CO_2，不仅对给水系统产生腐蚀，而且在锅内对金属管壁产生明显的电化学腐蚀，影响锅炉寿命。因此，对锅炉给水除了在自来水厂的一般处理外，还必须进行专门的处理，以减少水中的钙、镁离子的含量（除硬），降低水中的碱度（除碱），降低水中含盐量（除盐），降低水中的溶解气体（除氧），使其满足《工业锅炉水质》(GB 1576) 要求。

锅炉给水处理一般有两种方式：给水经预先处理后再进入锅炉，称为锅外水处理；水的处理过程直接在汽锅内部进行，称为锅内水处理，锅内水处理通常应用在额定蒸发量≤2t/h，且额定蒸汽压力≤1.0MPa 的蒸汽锅炉。一般锅炉均采用锅外水处理。

① 锅炉给水预处理　硬度过高的原水直接进入离子交换器，将会使离子交换系统很快失效，经济效益明显降低，因此对于这种高硬度的水在进入离子交换器以前，应进行预处理，通过沉淀软化，降低水的硬度。水的沉淀软化有石灰法、石灰-纯碱法、石灰-氯化钙法。

② 锅内水处理　锅内水处理是通过向锅内或锅炉给水中投加一定量药剂，使锅水中的结垢物质转化为松散的沉渣，然后通过定期排污将其排出锅外，从而减轻和防止锅内结生水垢。常用的锅内水处理方法有钠盐法、有机防垢剂法、复合防垢剂法。

③ 离子交换水处理　锅炉给水在进入锅炉前，通过与交换剂的离子交换反应，除去水中的离子态杂质，是现在应用最广的除硬、除碱和除盐方法。

④ 锅炉给水除氧　锅炉给水中溶解的氧气和 CO_2，尤其是氧气，对锅炉受热面会产生化学和电化学腐蚀，因此必须将其除去。

锅炉给水除氧主要是利用气体的溶解定律：水温越高，气体在水中的溶解度越小；水面上某种气体的分压力越小，该气体在水中的溶解度也越小。

工业锅炉常用的除氧方法有热力除氧、化学除氧、解析除氧。

(3) 锅炉排污

锅炉在运行过程中由于锅水不断蒸发、浓缩，使水中的含盐量不断增加，易形成水渣、水垢、泡沫等，通常采取连续排污或定期排污，放掉一部分高浓度的锅水，补充等量的符合水质要求的给水，以保持锅水符合规定的标准，这就叫锅炉排污。

锅炉排污分为连续排污和定期排污两种。连续排污是排除锅水中的盐分杂质，由于上锅筒蒸发面处的盐分浓度较高，所以连续排污就设在上锅筒，所以连续排污也称为表面排污；定期排污主要是排除锅水中的悬浮物、水渣及其他沉淀物，定期从锅炉水循环系统的最低点（锅筒底部）排放，又称为底部排污。

锅炉排污量的大小和给水质量有关，给水碱度、含盐量越大，排污量越大，一般情况下锅炉排污水量约为蒸发量的3%～10%。

可以根据盐平衡计算锅炉排污量：

$$P_{排}=S_{给}/(S_{炉}-S_{给})$$

式中 $P_{排}$——锅炉排污率（锅炉排污量占蒸发量的百分比），%；

$S_{炉}$，$S_{给}$——炉水和给水中含盐量，mg/L。

10. 锅炉产排污环节

燃煤锅炉工作过程中的主要产污环节有以下几方面。

① 煤在锅炉燃烧过程中产生的烟气，经除尘和脱硫脱氮处理后由烟囱排放，烟气中的主要污染物成分包括SO_2、NO_x、烟尘等。

② 锅炉补给水处理系统（离子交换器）产生的酸碱废水、锅炉排污水，煤场、灰渣场径流废水；如果锅炉采用湿排渣工艺，还会产生冲渣水。主要污染因子有pH、SS、石油类、COD、BOD_5等。

③ 锅炉产生的炉灰、炉渣以及锅炉废气处理系统产生的废弃物。

④ 锅炉设备运行过程中产生的机械设备运行噪声，噪声源分布在锅炉房、磨煤机、泵、风机等部位。

⑤ 煤场、灰渣场物料堆放及装卸过程中产生的扬尘等。

11. 锅炉污染物产生量

（1）经验系数估算法

一般而言，新建项目难以提供准确的锅炉设计参数或煤种参数，这时可以利用一些现有的产排污系数对锅炉污染物产生及排放量进行估算。但是选用的产排污系数一定要要有来源和依据，不能凭空想象。

（2）经验公式计算法

燃煤锅炉燃料燃烧后产生的烟气是多种气体的混合气体。当燃煤完全燃烧时，烟气的组成成分是：碳和硫完全燃烧生成二氧化碳和二氧化硫，燃烧本身固有的和空气中的氮，过剩空气中未被利用的氧，氢燃烧产生的、随空气带入的、燃料本身固有的水分蒸发产生的水蒸气。可以利用经验公式来计算燃煤燃烧时的烟气量以及SO_2、NO_x、烟尘等大气污染物的产生量，实际上计算锅炉大气污染物产生量的经验公式有很多，这里仅介绍其中的一种。

① 烟气量　整个计算过程可分为三步进行：计算理论空气需要量、计算烟气量、计算烟气总量。

第一步　计算理论空气需要量。

对于挥发分$V^y>15\%$的烟煤：

$$V_0=0.251\frac{Q_L^y}{1000}+0.278$$

对于挥发分$V^y<15\%$的贫煤和无烟煤：

$$V_0=\frac{Q_L^y}{4145}+0.61$$

对于劣质煤，低位热值$Q_L^y\leqslant 12560$kJ/kg（3000kcal/kg）：

$$V_0=\frac{Q_L^y}{4145}+0.455$$

式中　V_0——理论空气需要量，m^3/kg或（m^3/m^3）；

Q_L^y——燃料的低位发热值，kJ/kg或（kJ/m^3）；

V^y——燃煤应用基的挥发分，%。

第二步　计算烟气量。

对于烟煤、无烟煤和贫煤：

$V_y=1.04\frac{Q_L^y}{4187}+0.77+1.0161(\alpha-1)V_0$（$\alpha$为允许的空气过剩系数，下同）

对于$Q_L^y<12560$kJ/kg的劣质煤：

$$V_y=1.04\frac{Q_L^y}{4187}+0.54+1.0161(\alpha-1)V_0$$

式中　V_y——实际烟气量，m^3/kg或（m^3/m^3）；

Q_L^y——燃料的低位发热值，kJ/kg或（kJ/m^3）；

V_0——理论空气需要量，m^3/kg 或（m^3/m^3）；

1.0161——系数，为便于计算，在计算时可略去；

α——过剩空气系数，$\alpha=\alpha_0+\Delta\alpha$，$\alpha_0$ 为炉膛过剩空气系数，$\Delta\alpha$ 是烟气流程上各段受热面处的漏风系数。α_0、$\Delta\alpha$ 取值见表 3-4 及表 3-5。

表 3-4 炉膛过剩空气系数 α_0

燃烧方式	烟煤	无烟煤	重油	煤气
手烧炉及抛机煤炉	1.3～1.5	1.3～2		
链条炉	1.3～1.4	1.3～1.5		
煤粉炉	1.2	1.25	1.15～1.2	1.05～1.10
沸腾炉	1.25～1.3			

表 3-5 漏风系数 $\Delta\alpha$ 值

漏风部位	炉膛	对流管束	过热器	省煤器	空气预热器	除尘器	钢烟道（每 10m）	砖烟道（每 10m）
$\Delta\alpha$	0.1	0.15	0.05	0.1	0.1	0.05	0.01	0.05

锅炉大气污染物排放标准规定燃烧固体燃料的允许最大过剩空气系数为 1.8，液体燃料的为 1.2，气体燃料的为 1.1。在实际环境影响评价工作中计算锅炉烟气产生量时可以据此简化应用。

第三步 计算烟气总量。

$$V_{yt}=B\cdot V_y$$

式中 V_{yt}——烟气总量，m^3/h 或（m^3/a）；

B——燃料耗量，kg/h、m^3/h 或 kg/a、m^3/a；

V_y——1kg（或 $1m^3$）燃料产生的实际烟气量，m^3/kg 或（m^3/m^3）。

② 烟尘产生与排放量 燃煤锅炉烟尘的产生与排放量按以下经验公式计算。

$$G_d=\frac{B\cdot A\cdot d_{fh}(1-\eta)}{1-C_{fh}}$$

式中 B——耗煤量，t；

A——煤的灰分，%；

d_{fh}——烟气中烟尘占灰分量的百分数，%，其值与燃烧方式有关，详见表 3-6；

C_{fh}——烟尘中可燃物的百分含量，%，与煤种、燃烧状态和炉型等因素有关。对于层燃炉，C_{fh}可取 15%～45%；煤粉炉可取 4%～8%；沸腾炉 15%～25%；

η——除尘系统的除尘效率，%；计算烟尘产生量时，$\eta=0$。

表 3-6　常见炉型 d_{fh}值

炉型		d_{fh}/%	炉型	d_{fh}/%
层燃炉	手烧炉	15～25	沸腾炉	40～50
	链条炉	15～25	煤粉炉	75～85
	振动炉排	20～40	天然气炉	0
	抛煤机炉	25～40	油炉	0

③ 二氧化硫产生与排放量　煤炭中可燃性硫占全硫分的 70%～90%，平均取 80%，在燃烧过程中，可燃性硫氧化为二氧化硫，燃煤锅炉二氧化硫产生与排放量的计算公式如下（若有可燃硫的百分比，则公式中的系数 1.6 应改为 2×可燃硫的百分比）：

$$G_{SO_2}=2\times B\times S\times 80\%(1-\eta_s)=1.6B\cdot S\cdot(1-\eta_s)$$

式中　G_{SO_2}——二氧化硫排放量，kg；

B——耗煤量，kg；

S——煤中的全硫分含量，%；

η_s——脱硫效率，%，若没有脱硫装置，取 0；计算 SO_2 产生量时 $\eta_s=0$。

④ 氮氧化物产生与排放量　化石燃料燃烧过程中生成的氮氧化物中，一氧化氮占 90%，其余为二氧化氮。燃料燃烧生成的 NO_x 主要来源：一是燃料中含有许多氮的有机物，如喹啉（C_5H_5N）、吡啶（C_9H_7N）等，在一定温度下放出大量的氮原子，而生成大量的 NO，通常称为燃料型 NO；二是空气中的氮在高温下氧化的

氮氧化物，称为温度性 NO_x。燃料含氮量的大小对烟气中氮氧化物的浓度的高低影响较大，而温度是影响温度型氮氧化物生成量大小的主要因素。

燃料燃烧生成的氮氧化物量可用以下公式计算：

$$G_{NO_x}=1.63B(\beta \cdot n+10^{-6}V_y \cdot C_{NO_x})$$

式中 G_{NO_x}——氮氧化物产生量，kg；

B——煤或燃油耗量，kg；

β——燃烧氮向燃料型 NO_x 的转变率，%，与燃料含氮量 n 有关。普通燃烧条件下，燃煤层燃炉为25%～50%（$n\geqslant0.4\%$），煤粉炉可取20%～25%；

n——燃料中氮含量，%。普通燃煤的氮含量为 0.5%～2.5%，取平均值为 1.5%；

V_y——1kg 燃料生成的烟气量，m^3/kg，可用前面烟气实际需要量公式计算；

C_{NO_x}——燃烧时生成的温度型 NO 的浓度，通常可取 $93.8mg/m^3$。

12. 锅炉废气污染防治措施

（1）烟气除尘

煤燃烧后形成的煤灰随烟气进入锅炉尾部，通过各类除尘器可将其中的大部分收集下来。根据除尘器的作用力和作用机理，目前国内主要的除尘器包括机械力式除尘器、湿式除尘器、过滤式除尘器和电除尘器等四大类。

① 机械力式除尘器　通常是利用重量力（重力、惯性力、离心力）的作用使烟气中的颗粒物与气流分离，包括重力沉降室、惯性除尘器、旋风除尘器等，除尘效率一般在 90%以下，通常用作锅炉废气的预处理。

② 湿式除尘器　使含尘烟气和水密切接触，利用水滴和尘粒的惯性碰撞及其他作用捕集尘粒，可有效地将粒径为 0.1～20μm 的液态和固态颗粒从气流中除去，同时也能部分脱除气态污染物，

如 SO_2、CO_2、SO_3 等，除尘效率一般介于 90%～95%。湿式除尘器的除尘效率较高，并且具有结构紧凑、金属耗用量少、投资较小的特点，通过添加药剂（碱性药剂）可进一步去除烟气中的 SO_2 等气态污染物，在中小型锅炉上应用广泛。但采用湿式除尘器时要特别注意设备和管道的腐蚀、磨损，以及污水、污泥的二次污染，还应采取措施防止湿灰堵塞设备管道。

湿式除尘器的种类很多，常用的有冲击水浴式除尘器、管式水膜除尘器、立式及卧式旋风水膜除尘器（麻石水膜除尘器和文丘里麻石水膜除尘器）。

③ 过滤式除尘器　使含尘气体通过过滤材料，将尘粒分离捕集，根据所用过滤材料的不同，过滤式除尘器分为袋式除尘器和颗粒层除尘器，袋式除尘器应用得较为广泛。

袋式除尘器是使含尘烟气由进风口进入袋式除尘器，烟尘颗粒被机械地收集在滤袋上，过滤可以发生在滤袋的纤维上，也可以发生在滤袋表层附着的灰层上。一般而言，袋式除尘器的除尘效率可以超过 99.9%，与电除尘相比，袋式除尘器更好地捕集超微细颗粒。

④ 电除尘器　利用强电场使气体电离、粉尘荷电，并在电场力的作用下分离、捕集粉尘的装置，亦称为静电除尘器。电除尘器的除尘效率可达到 99.5%，甚至更高，影响电除尘器效率的因素很多，设计、安装、运行条件等都在不同程度上影响着电除尘器的除尘效率，烟尘粒径分布、真密度、黏附性也对电除尘器的运行性能有一定影响，尤其是受烟尘比电阻（某种材料的比电阻，就是其长度和截面积各位一个单位时的电阻）的影响较大，当比电阻大于 $5\times10^{10}\Omega\cdot cm$ 时，难以集尘，而当比电阻过小时，收集到的烟尘又容易重新被烟气带起，影响除尘效率。

（2）烟气脱硫

根据脱硫工艺在锅炉系统中所处的位置，可以分为燃烧前脱硫、燃烧中脱硫及燃烧后脱硫三大类型。

① 燃烧前脱硫　主要是指原煤洗选、煤气化等脱硫技术。

② 燃烧中脱硫　主要是指循环流化床和炉内喷钙等脱硫技术。炉内喷钙脱硫技术单独使用时，效率较低，仅在50%左右，但因脱硫剂的加入，同时增加了飞灰的数量，并且使锅炉尾部对流受热面磨损加剧，因此单独使用不多，往往与尾部加湿工艺联合使用。

循环流化床锅炉的脱硫效率与钙硫比、燃烧条件等因素有关，一般可达到80%～90%。

③ 燃烧后脱硫　又称为烟气脱硫，按脱硫过程是否加水和脱硫产物的干湿状态，又可分为湿法脱硫、半干法脱硫和干法脱硫。

湿法脱硫的吸收与脱硫剂的再生，副产物的处理等都是在湿式状态下进行，湿法脱硫的工艺方法很多，其中石灰石（石灰)-石膏、双碱法应用得较为广泛，脱硫反应速度快、设备较小，脱硫效率在90%以上。

半干法脱硫的脱硫剂以固液混合物的形式喷入脱硫吸收塔，在与烟气中 SO_2 反应的同时水分蒸发，脱硫剂被干燥成为固体，过剩的脱硫剂和生成的副产物均以固态形式被收集。半干法脱硫的代表性工艺为喷雾干燥法脱硫，工艺流程简单，系统可靠性高，脱硫效率可达到80%以上。

干法脱硫主要采用活性吸收剂脱硫，通过“吸附-再生”的循环，一方面可除去锅炉烟气中的 SO_2，另一方面可生产浓度为10%～15%的硫酸。

(3) 低氮燃烧与烟气脱硝

① 低氮燃烧技术　燃煤锅炉废气中的 NO_x 主要有热力型 NO_x、快速型 NO_x 和燃料型 NO_x 三个来源，其各自的生成量与煤的燃烧温度有关，但燃料型 NO_x 是主要的，占 NO_x 总量的60%～80%。

通过空气分级燃烧技术、燃料分级燃烧技术和烟气再循环技术，控制炉膛内燃料的燃烧温度，使燃料型 NO_x 的生成量降到最低，从而达到控制 NO_x 排放的目的。

② 烟气脱硝　用反应剂与烟气接触，以除去或减少烟气中 NO_x 的含量。分为干法脱硝和湿法脱硝两大类，目前应用的最多的是干法烟气脱硝技术（选择性催化还原法和选择性非催化还原法），即用气态反应剂将烟气中 NO_x 还原为 N_2 和 H_2O。

二、案例分析

1. 项目概况

(1) 项目名称、性质及规模

项目名称：某省某油田自备热电厂工程。

建设性质：新建热电联产项目。

建设规模：建设 1×50MW+1×25MW 供热发电机组。

(2) 项目组成

主体工程：3×260t/h 高温高压循环流化床锅炉，CC50-8.83/4.0/1.27 型双抽凝汽式汽轮机（50MW），QF-60-2 型发电机（60MW），CB25-8.83/4.0/1.27 型抽背式汽轮机（25MW），QF-30-2型发电机（30MW）。

配套工程有主厂房、化学水处理设施、冷却塔、循环水泵房、污水处理设施、综合水泵房、渣仓、灰库、烟囱、输煤设施、除尘设施、煤水处理设施、工业废水处理站、除灰系统、贮灰场、升压站。

(3) 项目特性

见表 3-7。

表 3-7　项目名称、规模及基本构成

项目名称		某省某油田自备热电厂工程	
建设单位		某省某油田集团供水供电公司	
总投资		8.5 亿元	
建设性质		新建，热电联产	
规模	项目	单机容量及台数	总容量
	本期	1×50MW+1×25MW	75MW

续表

主体工程	锅炉	建设 3×260t/h 循环流化床锅炉，1×CC50MW 双抽凝汽机组+1×CB25MW 抽背机组
配套工程	烟气治理	烟气除尘：每台炉选用一台布袋除尘器，设计除尘效率为 99.7%；烟气脱硫：采用循环流化床锅炉炉膛内掺烧石灰石，设计脱硫率 90%；炉内低温燃烧控制氮氧化物产生量
	除灰渣系统	厂内除灰渣系统采用灰渣分除，机械除渣、气力输灰。厂外灰渣运输采用密封自卸车，至综合利用用户
	贮灰场	拟利用沿海某发电厂灰场的西北部灰池作为事故性干灰碾压临时中转灰场
	供水	供水水源为城市自来水厂。锅炉和生活、生产用水由自来水和厂区内中水共同提供，循环冷却水系统采用带自然通风冷却塔的二次循环供水系统
	排水	工业废水系统经排水管汇合后，污染物较少的部分直接回用作为输煤系统、除灰加湿等用水或排入城市污水处理厂，污染物较多的部分进入工业废水处理站，经过处理达标后回用作为循环水补充水 生活污水经排水管汇合后，进入地埋式生活污水处理站，经处理达标后，用作循环水补充水和绿化用水
	交通运输	公路运输由厂区专用道路连接至某公路。燃料运输利用铁路将燃料运至集团总仓库，再由汽车运至厂内
	储煤场	燃煤通过火车运至厂外的贮煤站，然后再通过自卸车运至厂内汽车卸煤沟。在厂内设置 2 个筒仓，可以满足 1 天的燃煤量
	建构筑物	除主厂房外还将建行政楼、系统控制楼、值班室、辅助生产厂房等建构筑物，场内无生活区
	热网工程	规划供热面积 $441\times10^4m^2$，管道建设总长度约 40km，管网建设投资 1.27 亿元，由油田集团负责建设。热网工程的环境影响评价工作不包括在本报告中，建设单位已委托其他单位另行评价

（4）燃煤

本工程的设计煤种为某矿业公司提供的原煤，校核煤种为大同型煤，设计煤种和校核煤种煤质分析资料见表 3-8，耗煤量见表 3-9。

表 3-8　煤质资料

序号	名称	符号	单位	设计煤种	校核煤种
1	全水分	M_t	%	4.5	2.8
2	水分	M_{ad}	%	0.46	1.05

续表

序号	名称	符号	单位	设计煤种	校核煤种
3	灰分	A_{ar}	%	10.74	10.18
4	挥发分	V_{ar}	%	33.40	30.68
5	碳	C_{ar}	%	69.56	68.92
6	氢	H_{ar}	%	4.58	4.59
7	氮	N_{ar}	%	0.98	0.76
8	氧	O_{ar}	%	9.12	14.04
9	全硫	$S_{t,ar}$	%	0.52	0.46
10	高位发热量	$Q_{gr,ad}$	MJ/kg	29.87	27.598
11	低位发热量	$Q_{net,ar}$	MJ/kg	27.62	27.511

表 3-9 燃煤消耗量

项目	燃料	小时耗量/(t/h)	日耗量/(t/d)	年耗量/($\times10^4$t/a)
1×260t/h	设计煤种	28.8	633.6	17.28
	校核煤种	30.6	673.2	18.36
3×260t/h	设计煤种	86.4	1900.8	51.84
	校核煤种	91.8	2019.6	55.08

注：1. 锅炉小时耗量为额定负荷耗量，日按22h计，年按6000h计。

2. Ca/S摩尔比取2∶1。

(5) 水平衡

本项目1×50MW+1×25MW机组夏季（热季）工业水耗水量为406.7m^3/h，中水耗水量为54m^3/h；冬季（冷季）工业水耗水量为532.7m^3/h，中水耗水量为79m^3/h。机组全年工业水补水量约281.8×10^4 m^3，中水补水量约39.9×10^4 m^3，总补给水量约321.7×10^4 m^3。1×50MW+1×25MW机组在热季和冷季的补给水量分别见表3-10。扣除工业抽汽用水，耗水指标为1.18m^3/(s·GW)。

表 3-10 1×50MW+1×25MW 机组补给水量

单位：m^3/h

序号	项目	冷季			热季			备注
		用水量	回收量	耗水量	用水量	回收量	耗水量	
1	冷却塔蒸发损失	56	0	56	96	0	96	使用工业水
2	冷却塔风吹损失	2	0	2	4	0	4	使用工业水
3	循环水排污损失	62	12.3	49.7	65	42.3	22.7	使用中水
4	锅炉补给水	34	16	18	34	16	18	使用工业水
5	工业抽汽用水	172	0	172	142	0	142	使用工业水
6	化学用水量	112	37	75	96	58	38	使用工业水
7	热网补给水	112	32	80				使用工业水
8	主厂房杂用水	0.3	0	0.3	0.3	0	0.3	使用循环水排污水
9	射水池补水量	7	0	7	7	0	7	使用循环水排污水
10	浇洒道路绿地用水	0	0	0	2	0	2	使用中水
11	冲洗汽车用水	0.2	0	0.2	0.2	0	0.2	使用工业水
12	暖通除尘用水补水量	10	7	3	10	7	3	使用工业水
13	除灰系统补充水	20	0	20	20	0	20	使用工业水
14	输煤系统冲洗用水	7	5	2	7	5	2	使用反渗透装置排水
15	除灰加湿水	20	0	20	20	0	20	使用反渗透装置排水
16	锅炉排污降温池用水	104	104	0	104	104	0	使用工业水
17	汽机及锅炉轴瓦冷却水	20	20	0	20	20	0	使用工业水
18	生活污水及生产废水处理站自用水	56	0	56	45	20	25	使用工业水
19	生活用水	2.5	2	0.5	2.5	2	0.5	使用工业水
	小计	797	235.3	561.7	675	274.3	400.7	
20	未预见水量	50	0	50	60	0	60	使用工业水
	总计	847	235.3	611.7	735	274.3	460.7	

(6) 工艺流程

原煤由厂外贮煤站经公路通过自卸车运至厂内卸煤沟，送入贮煤筒仓，用皮带输送机送入主厂房原煤煤斗，经过磨碎送入锅炉燃烧。锅炉给水被加热成高温高压蒸汽后送入汽轮机做功，带动发电机发电。电能通过升压站送往输电线路，供用户使用。机组抽汽（背压抽汽）一部分用于石化公司工业生产，一部分用于加热民用热网回水。

汽轮机的乏汽进入凝汽器冷却后，送回锅炉循环使用，循环冷却水回收利用。机组采用炉内掺烧石灰石方式脱硫。燃烧后产生的烟气经过布袋除尘后，由烟囱排入大气。除尘器收集到的干灰贮入干灰库，直接向综合利用用户提供干灰，多余部分调湿后，由汽车运往备用灰场碾压堆存。锅炉排出的渣经过刮板捞渣机、活动渣斗，直接运往综合利用用户，多余部分用汽车送至灰渣场储存。

生产过程中产生的废水经采取相应的措施处理后，全部回用，不外排。

(7) 装机方案

本期工程的装机方案为三台 260t/h 高温高压循环流化床锅炉，配 1×CC50-8.83/4.0/1.27＋1×CB25-8.83/4.0/1.27MW 汽轮发电机组。

① 锅炉　锅炉采用半露天布置，即运转层以下封闭且设有锅炉顶罩。

锅炉形式：　循环流化床锅炉
额定蒸发量：　260t/h
主蒸汽温度：　540℃
主蒸汽压力：　9.81MPa
给水温度：　215℃
排烟温度：　136℃
锅炉保证效率：　91.5％
设计脱硫效率：　＞90％

炉架结构： 全钢结构

② 汽轮机

形　　式： 双抽凝汽式汽轮机

型　　号： CC50-8.83/4.0/1.27

额定功率： 50MW

最大功率： 60MW

额定转速： 3000r/min

主汽门前新汽压力：8.83MPa

主汽门前新汽温度：535℃

排汽压力： 5.3kPa（绝压）

额定进汽量： 375t/h

工业抽汽压力： 4.0MPa

工业抽汽量： 额定30t/h、最大80t/h

工业及采暖抽汽压力：1.27MPa

采暖抽汽量： 额定180t/h、最大230t/h

锅炉给水温度： 215℃

③ 发电机

型号： QF-60-2型

额定功率： 60MW

额定电压： 10.5kV

冷却方式： 空冷

④ 抽背式汽轮机

型号： CB25-8.83/4.0/1.27

额定功率： 25MW

最大功率： 30MW

主汽门前新汽压力：8.83MPa

主汽门前新汽温度：535℃

额定进汽量： 375t/h

工业抽汽压力： 4.0MPa

工业抽汽量： 额定30t/h、最大80t/h

排汽压力：　　　　1.27MPa

排汽量：　　　　额定 180t/h、最大 230t/h

给水温度：　　　　215℃

频率：　　　　50Hz

转速：　　　　3000r/min

布置方式：　　　　纵向布置。

旋转方向：　　　　从汽机端向发电机端看为顺时针。

回热系统：　　　　两级高压加热器，一级高压除氧器。

⑤ 发电机

型号：　　　　QF-30-2

额定功率：　　　　30MW

额定电压：　　　　6.3kV

功率因数：　　　　0.8

频率：　　　　50Hz

冷却方式：　　　　空冷

2. 污染源分析

(1) 废气污染源分析

根据燃煤煤质及燃煤电厂的工艺特点，电厂烟气中污染物主要为 SO_2、NO_x 和烟尘。为控制烟气污染物的排放，本工程采取的污染防治措施如下。

① 除尘器采用除尘效率≥99.7%的布袋除尘器，烟尘排放浓度低于 30mg/m³。

② 采用循环流化床锅炉炉内脱硫，设计脱硫效率不低于 90%，SO_2 排放浓度低于 100mg/m³。

③ 为了减少 NO_x 的排放，锅炉采用低氮燃烧技术，排放浓度小于 400mg/m³，并预留脱氮装置空间。

④ 本工程选用 150m 高烟囱排放烟气，利于烟气扩散，降低大气污染物的落地浓度。

⑤ 设置烟气自动连续监测系统对污染物排放实施监控。

采取上述措施后，本工程 SO_2、烟尘和 NO_x 的排放浓度均满足《火电厂大气污染物排放标准》（GB 13223—2003）排放限值第3时段标准，详见表3-11。

表3-11 热电厂废气排放状况

计算项目		单位	设计煤种	校核煤种	排放标准
烟囱数量、高度		—	1座，150m		
烟囱出口直径		m	4		
标准干烟气量		$\times 10^4 m^3/h$	78.61	83.08	
过剩空气系数		—	1.24	1.24	
除尘效率		%	≥99.7	≥99.7	
设计脱硫效率		%	≥90	≥90	
SO_2	排放量	t/h	0.078	0.074	
	排放浓度	mg/m^3	87.88	78.89	400
烟尘	排放量	t/h	0.021	0.021	
	排放浓度	mg/m^3	23.66	22.39	50
NO_x	排放量	t/h	0.278	0.294	
	排放浓度	mg/m^3	313.23	313.43	450

（2）废水污染源分析

本项目的废水主要为生活污水及生产废水。生活污水主要来自综合办公楼、食堂及浴室等的排水，产生量约为 $2m^3/h$，主要污染物为COD、BOD_5、SS等。生产废水主要来自冷却塔排污、化学酸碱废水以及含油污水等，废水排放情况见表3-12。

表3-12 废水排放情况

废水种类	排放方式	主要污染物	产生量/(m^3/h)	处理措施	排放去向
循环水排污水	连续	盐类	42.3	—	杂用水、射水池补水、城市污水处理厂
反渗透装置排水	定期	盐类	27	—	输煤系统用水、除灰加湿

续表

废水种类	排放方式	主要污染物	产生量/(m^3/h)	处理措施	排放去向
锅炉排污水	定期	SS、石油类	16	—	循环水补充水
过滤器排水	连续	SS、COD	13	工业废水、生活污水处理站	循环水补充水、绿化用水
中和池排水	连续	pH	18		
暖通除尘排水	定期	SS、石油类	7		
输煤系统排水	定期	SS	5		
生活污水	连续	SS、COD、BOD_5	2		

(3) 固体废物污染源分析

本项目采用机械除渣，渣仓 2 个，渣仓有效容积可满足锅炉运行 30h 系统最大排渣量。渣仓上均装布袋除尘器。渣库下设有两个出口，一个出口设有卸干渣装置，供干渣综合利用。另一出口设有干渣加湿装置供装车外运。本项目产生的灰渣量见表 3-13。

表 3-13　本工程灰渣排放量

灰渣量	设计工况		校核工况	
	(1×260t/h)	(3×260t/h)	(1×260t/h)	(3×260t/h)
小时灰渣量/(t/h)	4.29	12.87	4.25	12.75
日灰渣量/(t/d)	94.38	283.14	93.5	280.5
年灰渣量/(10^4 t/a)	2.57	7.72	2.55	7.65

注：其中灰 60%，渣 40%。

(4) 噪声污染源分析

本项目主要噪声源为风机、水泵、锅炉安全阀排汽及汽轮发电机组等。本期工程主要设备噪声水平见表 3-14。

表 3-14　本期工程主要设备噪声水平

序号	设备名称	位置	噪声级/dB(A)	降噪措施	噪声级/dB(A)
1	引风机	进风口前 3m 处	95	安装消声器	80
2	送风机	吸风口前 3m 处	90	安装消声器	75

续表

序号	设备名称	位置	噪声级/dB(A)	降噪措施	噪声级/dB(A)
3	磨煤机	距声源1m处	90	隔声罩	75
4	发电机	距声源1m处	91	基础减振	80
5	汽轮机	距声源1m处	91	隔热罩、内衬吸声板、基础减振、隔声罩	80
6	水泵	距声源1m处	90	订货时要求限值	80
7	空压机	距声源1m处	90	基础减振、隔声器	75
8	冷却塔	距声源1m处	85		85
9	锅炉排汽	距声源1m处	110	安装消声器	95
10	主变压器	距声源1m处	80		80
11	碎煤机	距声源1m处	90	基础减振、室内	80

3. 环境保护措施

(1) 废气污染防治对策

电厂环境空气污染的防治首先要通过治理措施的优化，使电厂向外环境排放的大气污染物满足国家和地方的排放标准，并且通过空气输送与扩散后满足环境质量标准的要求。其次，尽可能地考虑到环境保护标准的逐步严格，在经济合理、技术可行的条件下，采取使电厂排放的大气污染物对环境影响程度尽可能小的防治措施。

① 二氧化硫防治对策　本工程设计煤种和校核煤种的硫分分别为0.52%和0.46%，拟采用炉内喷钙方式，设计脱硫效率大于90%。拟建一座150m，出口直径4m的烟囱，供两台锅炉排放烟气使用。

工程锅炉拟采用循环流化床燃烧技术，并在炉内添加石灰石粉，通过选择适当型号的高倍循环流化床锅炉，使二氧化硫与氧化钙反应生成硫酸钙而成渣随炉渣一同排出。根据提供的资料，脱硫剂采用石灰石粉，颗粒直径≤1mm，钙硫比2∶1，设计脱硫效率>90%。

影响硫化床脱硫效率的主要因素有燃烧温度、流化床压力、

Ca/S摩尔比和床截面气流速度。此外，脱硫效率与石灰石种类、煤种、流化床高度、烟气中含氧浓度及石灰石粒度也有一定关系。根据锦西炼油化工总厂现已运行的220t/h循环流化床锅炉采用炉内添加石灰石粉脱硫工艺的实际运行效果，炉内未喷钙脱硫时，SO_2平均排放浓度为1672mg/m^3（595.2kg/h），当采取炉内喷钙脱硫时，SO_2平均排放浓度为56.8mg/m^3（25.8kg/h），脱硫效率达到95.7%，因此，本项目的循环流化床锅炉采用炉内添加石灰石粉脱硫工艺，其实际脱硫效率能够达到设计值90%。

但部分国内运行的循环流化床+炉内添加石灰石粉的锅炉的实际运行效果显示，该工艺的脱硫效果受运行管理、煤质波动、设备运转状态等因素影响较大，多数运转不良的锅炉的脱硫效率难以达到90%。因此，为确保电厂的稳定运行、污染物达标排放，评价认为本工程在设备采购时优先采用稳定性好、技术水平高的锅炉，同时应严格控制煤质，必须采用优质低硫煤，保证燃煤的含硫率<0.5%；应严格按照操作规范管理、运行电厂锅炉。

② 烟尘防治对策　为控制烟尘的排放，实现达标排放，并满足区域环境功能，本工程拟采用除尘效率不低于99.7%的布袋除尘器。

从目前国内外的除尘设备来看，除尘效率达99.7%以上的除尘器主要有静电除尘器和袋式除尘器。为选择运行可靠、安全、合理的除尘器，本次评价对静电除尘器和袋式除尘器在技术及经济方面进行论证。

两种除尘器的技术、经济比较结果见表3-15。

表3-15　静电除尘器和袋式除尘器比较结果

项目	静电除尘器	袋式除尘器
除尘效率/%	>99.7	>99.7
占地	占地较大	占地较小
初期投资	约4000万元	约4500万元(进口滤料)
维护情况	维护费用较低	维护费用较高
运行经验	各种容量锅炉均比较成熟	中、小型锅炉比较成熟

由表 3-15 综合比较结果可以看出：

A. 从技术角度来说，静电除尘器及布袋除尘器均可行。

B. 从目前两种除尘器的运行业绩及运行的成熟性来看，静电除尘器广泛用于大机组火力发电厂，根据目前的统计，国内300MW 以上机组均采用静电除尘器；布袋除尘器多用于中、小机组，目前处理大烟气量的袋式除尘器在国外应用较多，而在国内应用较少，国内采用袋式除尘器的最大机组为 200MW 机组。根据国内外机组运行的成熟性和可靠性以及运行经验，对于本项目的 1×50MW＋1×25MW 机组，布袋除尘器优于静电除尘器。

C. 在除尘器的招标及制造过程中，必须充分考虑烟尘排放标准要求的特点，对制造厂提出严格的要求，除尘效率不低于 99.7%，以保证本工程烟尘排放满足国家《火电厂大气污染物排放标准》（GB 13223—2003）中的限值要求。

③ 氮氧化物防治对策　本工程采用的循环流化床锅炉是一种清洁环保的锅炉，因燃烧温度较低，可抑制氮氧化物的生成，同时减少 NO_2 的排放。

燃烧过程中 NO_2 的生成主要与燃烧带的温度、滞留时间、物质的混合程度等因素有关，因此，可以通过控制燃烧比、燃烧温度及燃烧带冷却程度等燃烧操作条件，改善燃烧室的设计（控制燃烧状况）来控制 NO_2 的生成，并达到排放标准的要求。

本工程可以将 NO_x 的浓度控制在 400mg/m^3 以下，并预留脱氮装置空间。满足《火电厂大气污染物排放标准》（GB 13223—2003）第 3 时段 NO_x 的排放标准限值（450mg/m^3）。

（2）废水污染防治对策

① 生活污水　本工程拟建一座生活污水处理站，处理能力 5t/h，占地 11m×3m。采用地埋式一体化生活污水处理设施进行处理，主厂房及其他新增附属建筑的卫生间排水输送至生活污水处理站，进入处理站的生活污水首先进入调节池，然后进入地埋式一体化生活污水处理设施，在其中经生物接触氧化、二次沉淀

等工艺处理达到标准后，回收用于循环水补充水及厂区道路浇洒及绿化用水。

② 生产废水　反渗透装置排水回收用于干灰调湿用水或输煤系统冲洗补水，锅炉排污水排至锅炉排污降温池，温度降至40℃以下回收用于循环水补充水；其他生产废水（包括过滤器排水、中和池排水、暖通除尘排水、输煤系统排水等）经厂区自建的生产废水处理站处理达标后，回用于循环水补充水。

考虑节约用水和本工程的实际情况，本期工程拟建一座生产废水处理站，处理能力为50t/h，占地12m×21m。主厂房排水、过滤器排水等输送至生产废水处理站，进入处理站的生产废水，首先进入斜板沉淀池进行沉淀处理，去除大颗粒杂质、污染物，沉淀池出水采用气浮工艺处理，进一步有效去除悬浮物、COD、油脂等，出水回用于厂区内生产。废水处理系统产生的污泥排入污泥浓缩池浓缩，经污泥脱水机脱水，泥饼外运。

（3）噪声污染防治对策

本工程的主要噪声源有汽轮发电机组、送风机、引风机、各类泵、碎煤机、空压机等，这些噪声源通过建筑物门窗、墙壁的吸收、屏蔽及阻挡，其噪声水平将大幅度衰减。

电厂对环境影响较大的噪声主要为机组启停、事故状态下及安全阀动作时产生的对空排汽噪声。

对噪声进行治理，主要从噪声声源上、噪声的传播途径、受声体等三方面采取措施。

① 对机械设备，在设计过程中将向制造厂家提出降噪要求，并且设计上将对噪声较大的设备，如汽轮发电机组、碎煤机、送风机和引风机疏水泵等设备加设隔声罩或设隔声小间，并在各噪声较大的运转层设隔声值班室。

② 为减轻锅炉点火或事故状态时短时间对空排汽所产生的强噪声的影响，设计上在对空排汽管的管口加设消声装置。

③ 对高速汽流及两相流的管道、减压阀等，做好减振及绝热

层设计，起到保温和防噪的作用。

④ 根据噪声预测结果，本项目厂界噪声昼间均满足《工业企业厂界噪声排放标准》Ⅲ类标准限值，夜间部分点位超标，最大超标约为5dB（A），建议在靠近冷却塔的超标厂界外应设置隔声屏障，屏障约长200m，高6m，降噪在5～10dB（A）之间，以确保厂界噪声达标。

采取上述措施后，电厂噪声对环境的影响可以得到有效控制，不会对厂界外的声环境产生较大影响。

（4）固体废物污染防治对策

本项目采用循环流化床锅炉掺烧石灰石粉，排出的灰渣中含有大量的生石灰和硫酸钙，属高钙灰渣，其主要的化学成分是SiO_2、CaO、Al_2O_3、$CaSO_4$等。循环流化床锅炉灰渣除直接用于填埋、筑路外，其最主要的用途是作建筑材料，如制作水泥混合材料等，广泛用于水泥等建材生产，主要用途如下。

① 作水泥与混凝土的混合材料和掺合料　在生产水泥过程中，为改善水泥性能，调节水泥标号，需掺加一定量的活性混合材料。生产砌筑水泥时，需要大量的活性混合材料。拌制低标号混凝土，也需要掺加活性混合材料。

经循环流化床锅炉燃烧后所排的灰渣，均具有较高的火山灰活性，是一种较好的活性混合材料。用425号硅酸盐水泥熟料，掺20%～40%的灰渣，可生产出325～425号火山灰水泥。用425号硅酸盐水泥熟料，掺65%～75%的灰渣，可以生产出175～225号砌筑水泥。

② 作为生产水泥熟料的原料　循环流化床锅炉所排灰渣属高钙灰渣，其主要的化学成分是SiO_2、CaO、Al_2O_3等。从化学组成上看，可以作为生产水泥熟料的原料，配制普通硅酸盐水泥。目前应用较多的为硅酸盐水泥。灰渣用做生产水泥熟料的原料的应用前景是非常可观的。

③ 用于生产硅酸盐制品　用循环流化床锅炉所排灰渣生产建

材制品是一个很重要的应用途径。如生产硅酸盐制品，主要有蒸压粉煤灰砖、加气混凝土等。掺灰量可达30%～60%。其中加气混凝土的生产可采用一般的定型工艺生产设备，从发展新型轻质墙体材料的前途来看，是一种具有高价值的可推广的墙体材料，能广泛应用于工业与民用建筑中。

④ 用于生产烧结制品　生产烧结制品主要是生产粉煤灰烧结砖。粉煤灰烧结砖的工艺简单，产品性能好，在国内生产技术比较成熟，经济效益合理。掺灰渣比例约为30%～40%。

⑤ 用于制造轻骨料　由于循环流化床锅炉灰渣中氧化钙含量高，氧化镁、氧化铁含量也不低，这些成分在物质加热过程中起助熔和发泡作用。此外灰渣中含有相当数量的硅铝成分，因此是生产轻骨料的理想原料。如用于烧制陶粒，其特点是容重小、强度大、耐高温，可配制质轻且强度要求不太高的混凝土。

根据签订的“热电厂粉煤灰运销的合作意向”，本项目建成后，粉煤灰可以全部综合利用。

→ 思考与练习

1. 我国工业锅炉产品型号的编制由哪几部分组成？ 各部分分别表示什么内容？

2. 锅炉燃料有哪些种类？ 各种燃料的主要组成成分是什么？

3. 锅炉的主要工作过程是什么？ 每个工作过程分别产生什么污染物？

4. 锅炉污染物产生量的主要计算方法有哪几种？ 计算时分别有哪些要点？

5. 锅炉大气污染物有哪些主要的治理措施？

6. 为了开展本案例中的污染源分析工作，需要向建设单位搜集哪些基础资料和数据？

案例四　煤气发生炉项目污染源分析案例

一、行业背景

1. 背景知识

世界范围内能源危机的加重，以及世界各国对环境保护的重视，各国都急于寻求价廉且洁净的能源来代替石油和天然气，因此煤炭的净化使用特别是对煤气化的研究提到议事日程上来。煤气化技术在中国虽有近百年历史，但技术仍然较落后，发展缓慢。总体而言，中国煤气化以传统技术为主，煤气发生炉设备庞大，结构复杂，工艺落后，环保设施不健全，煤炭利用效率低，污染严重。

一种煤气化技术要想在实际生产中得到实际应用，必须具有经济、环保、可行等特点。目前为止还没有完美的煤气发生炉型和技术，各种煤气化炉型和技术都有其特点、优点和不足之处，都有对其煤种的适应性和对目标产品的适用性。近年来，随着科技的发展，煤气发生炉不断在工业加热方面得到了广泛使用，其节能环保效果及经济性得到了广大用户的充分肯定，尤其是在建陶、铸造等行业，煤气发生炉的作用更显重要。

煤气发生炉正向小型化、简单化、环保化和生产低成本方向发展，从而最大限度地减少操作环节并降低能量损失，这样不仅能满足广大工业用户的使用要求，而且符合国家节能减排政策，由于煤气发生炉的使用减少了煤燃烧后产生的废气污染物，煤气发生炉这种设备得到了迅速发展。

2. 关于煤气发生炉的产业政策

《中华人民共和国节约能源法》规定："发展和推广适合国内煤种的流化床燃烧、无烟燃烧和气化、液化等洁净煤技术，提高煤炭利用效率"。

原国家环境保护总局《关于发布〈燃煤二氧化硫排放污染防治技术政策〉的通知》（环发［2002］26号）中明确规定："鼓励煤炭气化、液化，鼓励发展先进煤气化技术用于民用煤气和工业燃气"。

《关于组织实施资源节约与环境保护重大示范工程的通知》（国经贸资源［2002］880号文）将"以水煤浆、煤炭气化等洁净煤和天然气为主要内容的重点油行业替代燃料油技术"确定为"资源节约与环境保护重大示范工程重点领域和重点技术"。

国家发展和改革委员会《关于进一步加强产业政策和信贷协调配合控制信贷风险有关为题的通知》（发改产业［2004］746号）中明确提出"一段式固定煤气发生炉（不含粉煤气气化炉）"属于限制类，不允许新建。

国家《当前部分行业制止低水平重复建设目录》（2007年）也将"一段式固定煤气发生炉（不含粉煤气气化炉）"列为限制类项目。

根据《产业结构调整指导目录（2011本）》，关于煤气发生炉的规定"一段式固定煤气发生炉"和"直径1.98米的水煤气发生炉"均被列入"淘汰类"。

3. 煤气发生炉分类

煤气发生炉分为单段式煤气炉和两段式煤气炉两大类，单段式煤气炉又分为热煤气炉和冷煤气炉两种。

4. 煤气发生炉发展趋势

从环境保护和节能两个方面分析煤气发生炉的使用情况。

（1）单段炉产生的冷煤气对水的污染严重，特别是在净化过程中煤气直接用水来洗涤和降温，把煤气中大量的杂质带出，产生的酚水对环境污染严重；两段炉的净化采用间接冷却，水和煤气不直接接触，减少了水污染，更好地体现了两段炉的优越性。

(2) 单段炉的气化强度比较低，两段炉在原气化层加高了干馏层，使煤炭在进入气化层时已经成为半焦状，使煤炭气化得更完全彻底。两段式煤气发生炉产生的灰渣含碳率非常低，一般在12％左右，而单段式煤气发生炉产生的灰渣的含碳率在20％左右。

(3) 新型两段式煤气发生炉的污染问题得到了很好的解决，但是解决单段式煤气发生炉的水污染问题仍有一定难度。

随着环境保护要求越来越高，单段式煤气发生炉将逐步退出市场。

5. 煤气发生炉工作原理

(1) 单段式煤气发生炉

单段式煤气发生炉按分层理论由下向上依次分为灰层、氧化层、还原层、干馏层、干燥层和空层，见图 4-1。

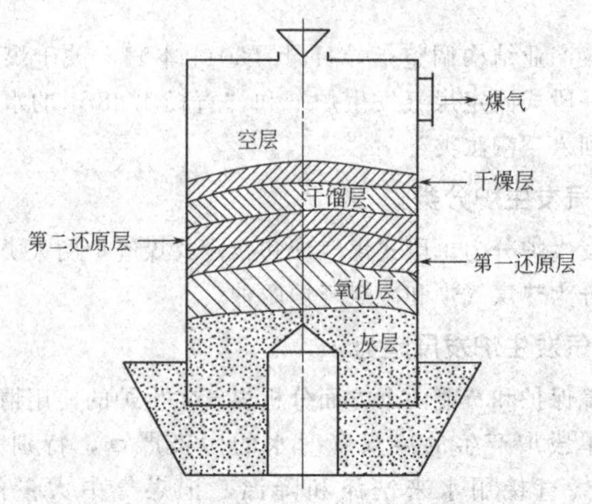

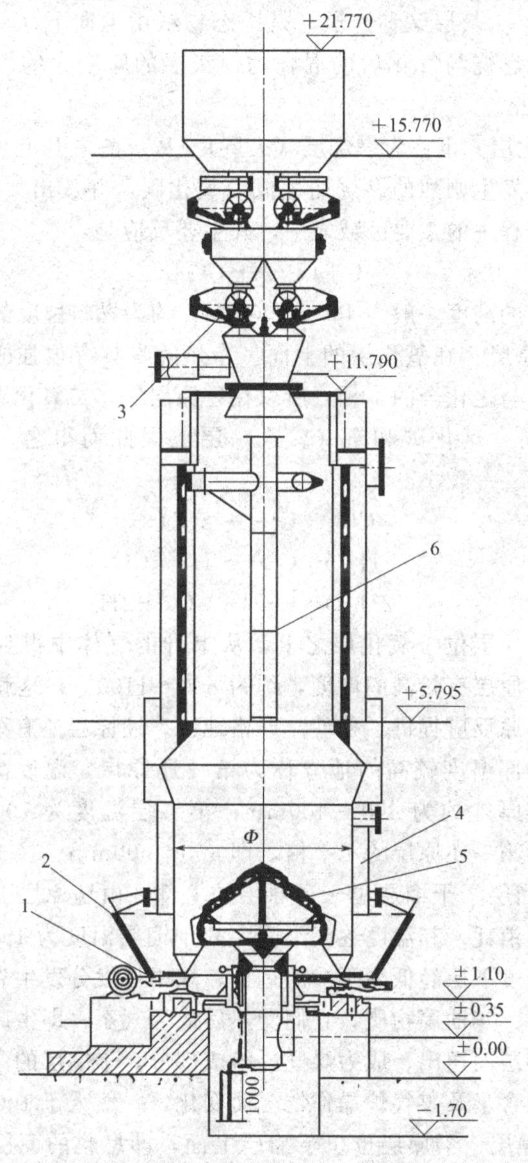

图 4-1　单段式煤气发生炉结构

1—灰盘传动装置；2—灰盘；3—进煤装置；4—炉体；5—炉箅；6—中心管

① 灰层　灰层又称渣层，是固态物料由上向下移动的最后一层，是煤炭燃烧与气化后的混合物，灰层的厚度大约由炉箅向上150～250mm。

② 氧化层　也称为燃烧层（火层）。从灰渣中升上来的气化剂中的氧与碳发生剧烈的燃烧而生成二氧化碳，并放出大量的热量。它是气化过程中的主要区域之一，其主要反应是：

$$C+O_2 \longrightarrow CO_2$$

氧化层的高度一般为100～200mm，约为燃料块度的3～4倍。

③ 还原层　在氧化层的上面。赤热的炭具有很强的夺取氧化物中的氧而与之化合的本领，所以在还原层中，二氧化碳和水蒸气被碳还原成一氧化碳和氢气。这一层也因此而得名，其主要反应为：

$$CO_2+C \longrightarrow 2CO$$

$$H_2O+C \longrightarrow H_2+CO$$

$$2H_2O+C \longrightarrow CO_2+2H_2$$

由于还原层位于氧化层之上，从上升的气体中得到大量的热量，因此还原层有较高的温度，约为800～1100℃，这就为需要吸收热量的还原反应提供了条件。严格地讲，还原层还有第一、第二层之分，下部温度较高的地方称为第一还原层，温度高达950～1100℃，其厚度约为300～400mm；第二层温度为700～950℃，其厚度约为第一还原层的1.5倍，即450～600mm。

④ 干馏层　干馏层位于还原层的上部，由还原层上升的气体随着热量被消耗，其温度逐渐下降，故干馏层温度为150～700℃，煤在这个温度下历经低温干馏的过程，煤中挥发分发生裂解，产生甲烷、烯烃、焦油等物质，它们受热后成为气态，即生成煤气并通过上面干燥层而逸出，成为煤气的组成部分，干馏层的高度随燃料中挥发分的含量及煤气炉操作情况而变化，一般大于100mm。

⑤ 干燥层　干燥层位于干馏层上面，即燃料的面层，上升的热煤气与刚入炉的燃料在这层相遇，进行热交换，燃料中的水分受热蒸发。

⑥ 空层　空层即燃料层上部，炉体内的自由区，其主要作用是汇集煤气。也可以认为煤气在空层停留瞬间，在炉内温度较高时还有一些副反应发生，如CO分解产生一些炭黑。

$$2CO \longrightarrow CO_2 + C$$

$$H_2O + CO \longrightarrow CO_2 + H_2$$

从以上叙述可以看出，煤气发生炉内进行的气化过程是比较复杂的，既有气化反应，也有干馏和干燥过程。而且在实际生产的煤气发生炉中，分层也不是很严格的，相邻两层往往是相互交错的，各层的温度也是逐步过渡的，很难具体划分，各层中气体成分的变化就更加复杂了。

(2) 两段式煤气发生炉

两段式煤气发生炉自上而下由干馏段和气化段组成（见图4-2），经过破碎、筛分的煤，从炉顶煤仓经下煤阀进入炉体，煤在干馏段经过充分的干燥和长时间的低温干馏，逐渐形成半焦，而后进入气化段。炽热的半焦在气化段与炉底鼓入的气化剂充分反应，经过炉内还原层、氧化层而形成灰渣，由炉栅驱动从灰盆自动排出。

煤在低温干馏的过程中，以挥发分析出为主而生成的煤气称为干馏煤气（即上段煤气），约占总煤气量的40%，其特点是温度较低（120℃），热值较高，不含尘，含有大量的焦油。这种焦油为低温干馏产物，其流动性较好，可采用电捕焦油器捕集起来，作为化工原料和燃料。在气化段，炽热的半焦和气化剂经过还原、氧化等一系列化学反应生成的煤气，称为气化煤气（即下段煤气），约占总煤气量的60%，其特点是温度较高（350～550℃），热值较低，因煤在干馏段低温干馏时间充足，进入气化段的煤已变成半焦，因此生成的气化煤气不含焦油，又因距炉栅灰层较近，所以含有少量飞灰。

下段煤气净化时，首先经过旋风除尘器，再经过余热交换器和风冷器降温。然后上下段煤气都经过间接冷却器，将煤气中的轻质油以及冷凝液（酚水）除掉，再经过电捕轻油器捕掉轻油，经过以

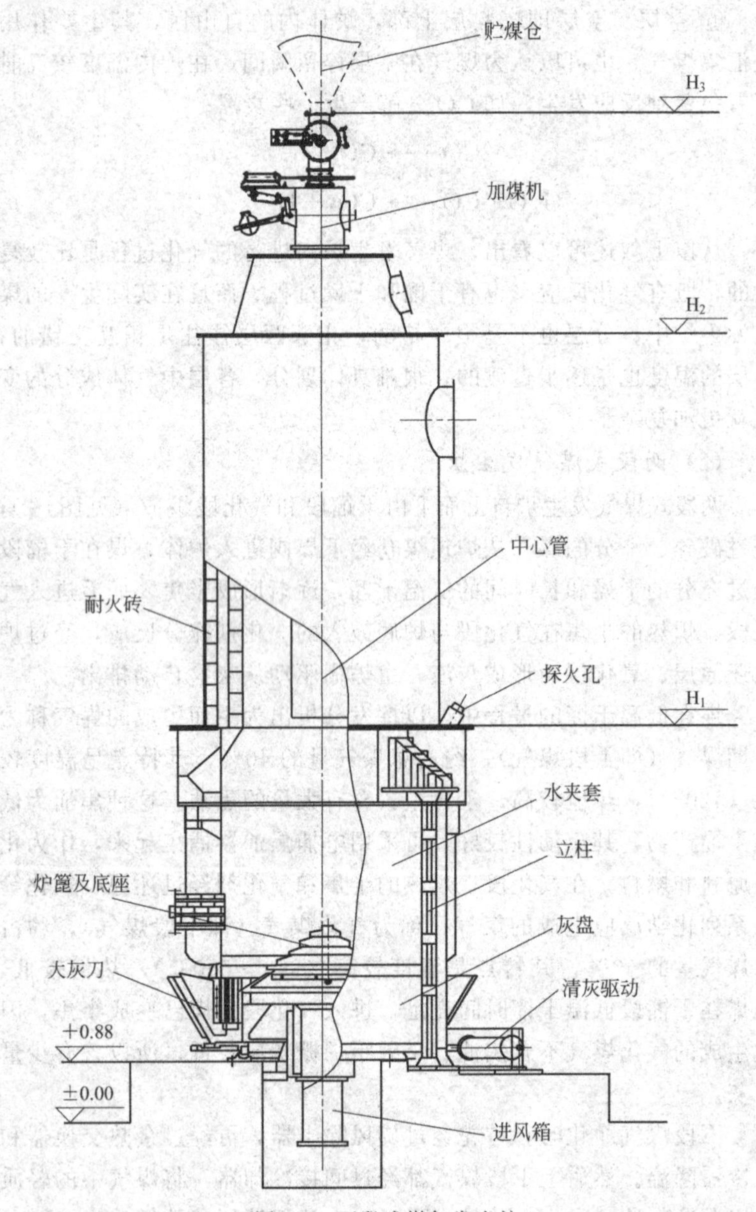

图 4-2 两段式煤气发生炉

上处理的煤气便是无尘、无焦油的净化冷煤气。

随上段煤气析出的煤焦油以雾状形态随煤气离开煤气发生炉，经过电捕焦油器捕集落入焦油储存罐中，定时排出。

随下段煤气产生的粉尘进入旋风除尘器后，经除尘器收集落入排灰管，定时排出。经除尘处理后的下段煤气温度基本没有变化，经余热交换器初步降温到200℃，再经过风冷器冷却到80℃左右。

经处理和初步冷却后的上下段煤气混合后，经过间接冷却器进一步冷却，煤气出口温度为35～45℃。同时，煤气中饱和水蒸气、大部分轻质油、含酚含氰有机物也被冷凝下来形成酚水。因酚水中含有多种有毒有害的化学物质，污染程度较高，且有强烈异味，酚水的有效处理成为两段式煤气发生炉的关键。通常采取两种方式处理酚水：一是利用煤气发生炉余热锅炉蒸气，对酚水进行加热，使污水中的酚随水蒸气蒸发出来，再将这部分含酚蒸气通入煤气发生炉炉底，混入空气中作为气化剂使用，酚在高温下分解成CO_2和H_2O，最终达到脱酚的目的；二是配套有水煤浆车间的企业，将酚水用于制备水煤浆，既可以利用酚水的热值，又可使酚水在高温下分解成CO_2和H_2O。

降温除水汽后的煤气再进入电捕轻油器，进一步降低轻油含量，捕集的轻油收集入轻油罐中。

煤气经脱硫塔净化后即可使用，废脱硫剂可能吸附了酚、焦油等物质，因此作为危险废物，交给有相应处理资质的单位进行处理处置。

二、案例分析

1. 项目概况

广东某铸造厂铸件退火和造型烘干，设一台ϕ2.6m两段式煤炉发生器（技术参数见表4-1），年耗煤量为6000t，煤种为山西优质无烟煤，年产煤气量为2.1×10^7 m^3（每年工作250天，每天工作24h，折合约3500m^3/h），冷净化煤气指标见表4-2。

表 4-1 两段式煤气发生炉技术参数

型号	ϕ2.6
炉膛内径/mm	2600
炉膛截面积/m^2	5.31
水套受热面积/m^2	14
适用煤种	焦炭、无烟煤、弱黏结性烟煤
煤的粒度/mm	40～60
耗煤量/(kg/h)	900～1200
煤气产量/(m^3/h)	3000～3500
煤气热值/(kJ/m^3)	—
上段	7110～7350
下段	5225～5434
煤气出口压力/Pa	980～1960
最大炉底鼓风压力/Pa	2014
饱和温度/℃	55～65
水套蒸汽产量/(kg/h)	700
排渣形式	旋转盘炉湿式出渣
煤气出口温度	350～550℃

表 4-2 两段式煤气发生炉冷净化煤气指标

CO	H_2	CH_4	CO_2	N_2	O_2	H_2S	S	杂质
24%～30%	13%～15%	1.8%～2.4%	4%～6%	47%～51%	<0.6%	≤20mg/m^3	<0.05%	<100mg/m^3

2. 原辅材料消耗

本项目 ϕ2.6m 两段式煤炉发生炉，使用煤种为山西优质无烟煤，年耗煤量为 6000t。煤质分析见表 4-3。

表 4-3　燃煤成分

灰分	全水分	挥发分	固定碳	空气干燥基水分	含硫量
19.86%	6%	6.03%	72.48%	1.63%	0.83%

3. 项目硫平衡分析

根据项目物料消耗及产品产出情况，项目硫平衡分析见图 4-3。

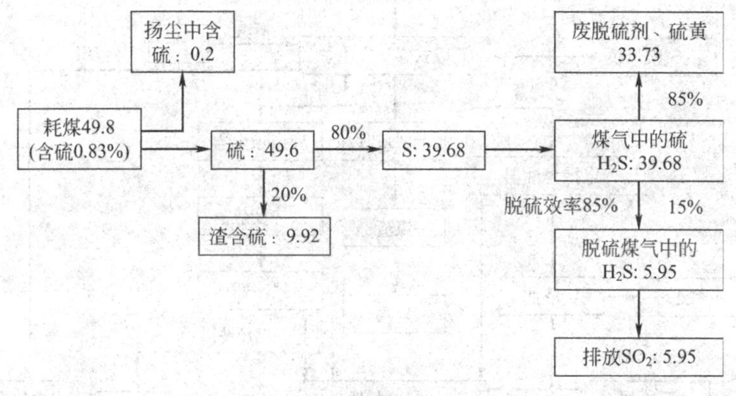

图 4-3　项目硫平衡分析图

4. 两段式煤气发生炉工艺流程

两段式煤气发生炉工艺流程可分为备煤工段、制气工段、净化工段、储气和排送气工段及三废处理工段五大部分，具体的工艺流程见图 4-4。

(1) 备煤工段

外来煤炭经过破碎、筛分，形成 ϕ20～60mm 的合格块煤，经电动葫芦及皮带输送机输送到煤气炉顶，然后根据生产需要通过旋转下煤阀和缓冲煤仓将合格块煤加入煤气炉内。

为了保证加料时煤气不会泄露以致污染环境，将下煤机构设计为球阀式旋转下煤阀，每台炉共有 4 个旋转下煤阀，上部一个旋转下煤阀和中部一个缓冲煤仓及下部一个旋转下煤阀组成一个下煤通

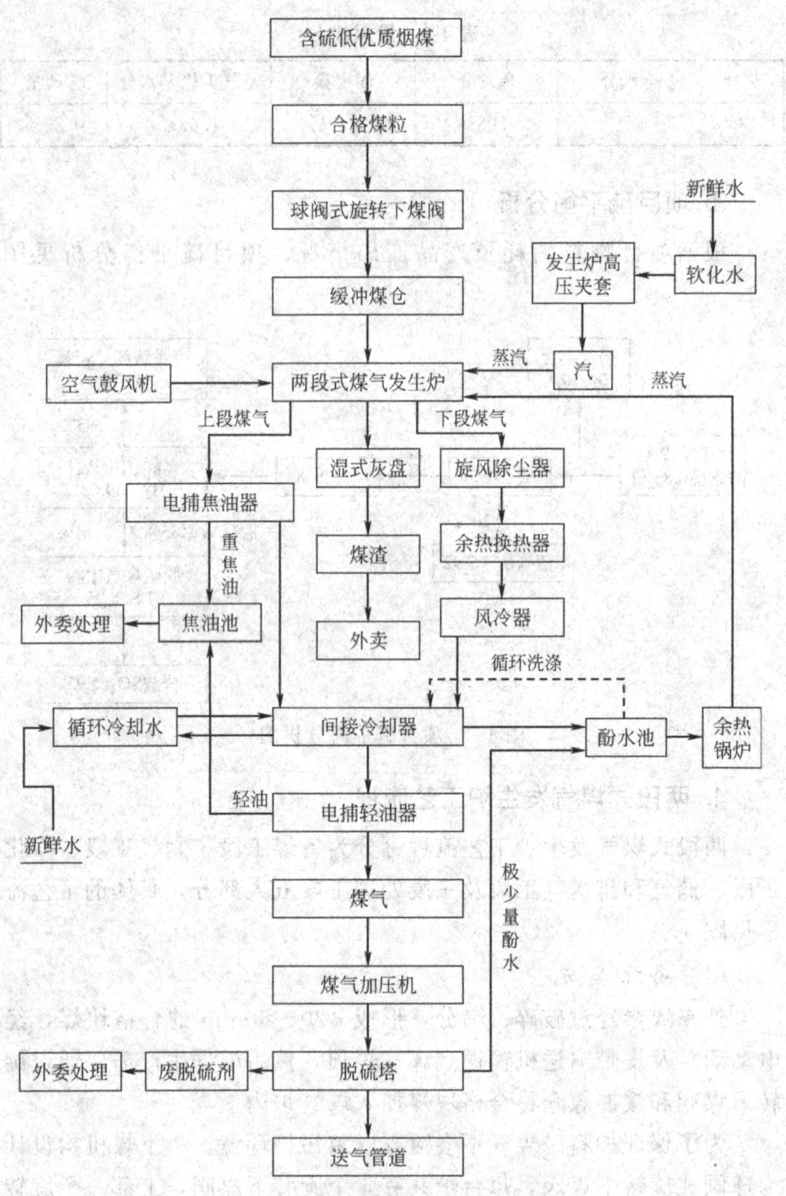

图 4-4 两段式煤气发生炉工艺流程

路，用液压系统控制煤炭入炉并保持一开一备。当信号检测确认上下两个旋转下煤阀已经全部关闭，遇到煤气炉需要加煤信号后，在上边的旋转下煤阀将自动打开，合格块煤将会从煤气炉顶部的煤仓内通过旋转下煤阀的空间落到中部的缓冲煤仓内，当检测到中部缓冲煤仓的煤已满时，上部旋转下煤阀将自动关闭。

(2) 制气工段

① 上段煤气的产生　入炉的块煤被气化段产生的热煤气加热首先失去内外水分（90～150℃），继而逐渐被干馏（150～550℃）脱出挥发分，挥发分主要为焦油、烷烃类气体、酚及 H_2、CO_2、CO、H_2O 混合物，其中，烷烃类及 H_2、CO_2、CO 等可燃成分作为干馏煤气和气化段产生的部分煤气混合成为上段煤气，而焦油、轻焦油随着上段煤气进入后续净化被脱除。上段煤气热值较高，一般可达到 1650～1750kcal/(1cal＝4.1858J,后同)m^3，干馏产生的酚在净化冷却设备内逐渐被煤气中凝结的水溶解而形成高浓度酚水。

② 下段煤气的产生　原料煤在干馏段被低温干馏后，形成热半焦进入气化段。热半焦的挥发分一般为 3%～5%。热半焦因脱去煤中的活性组分，气化活性比块煤有所降低，其气化强度一般可达 270～350kg/(m^2·h)，两段式煤气发生炉的气化层温度一般为 1000～1300℃之间。热半焦与蒸汽或空气混合气发生以下反应。

$$C+O_2 = CO_2+408840kJ/kmol$$

$$C+1/2O_2 = CO+123217kJ/kmol$$

$$CO_2+C = CO-162405kJ/kmol$$

$$C+H_2O = CO+H_2-118821kJ/kmol$$

$$C+2H_2O = CO_2+2H_2-75237kJ/kmol$$

根据气化原理，炉温越高，气化层越厚，煤气的热值也越高，反之亦然。

(3) 净化工段

两段式煤气发生炉的最大特点是将含焦油较多的干馏煤气与含

尘量较高的气化煤气从不同的出口输出，并根据各自的特点以不同的方式净化、冷却，从而避免了单段炉制气过程中所产生的重质焦油和粉尘混合及大量酚水难以处理的问题。

① 上段煤气除焦油处理过程　含有煤焦油的上段煤气采取一般的水洗涤方法较难除去，必须采用专门的除焦油装置来捕集。上段煤气经旋风除油器除去大颗粒焦油和灰尘，再进入电捕焦油器，其工作温度为 90～150℃，脱除重质焦油（一般热值可达 8200kcal/kg 以上），重质焦油的产量因煤种不同而不定，一般为原煤总量的 2%～3%，是优质化工原料或燃料。

电捕焦油器是借助高压静电使煤气中的煤焦油雾带电而定向移动来达到脱焦油的目的。煤气进入电捕焦油器后，经过分气隔板进入沉淀极，沉淀极中间有一根电极丝叫电晕丝，通常电晕丝带负电，沉淀极接地并带正电。在电晕丝与沉淀极之间接入的直流电让电晕丝与沉淀极放电产生磁场，含有煤焦油的上段干馏煤气流经该空间时，粉尘和煤焦油粒子被强制荷电，荷电粒子在库仑力的作用下向沉淀极方向移动并在沉淀极板（管壁）上沉积，然后随重力落入电捕焦油器底部的储存罐，定期排入焦油池。经脱焦油处理的上段煤气与经除尘冷却处理的下段煤气混合，进行下一步处理。电捕的焦油流入焦油池，外售给有资质单位处理处置。

② 下段煤气除尘冷却处理过程　下段煤气净化处理先采用离心除尘，除尘后的温度大约为 350～550℃；然后进入余热换热器中冷却，再进入风冷器，煤气温度降至 200℃左右。经除尘冷却处理的下段煤气与经脱焦油处理的上段煤气混合，进行下一步处理。

③ 上段煤气与下段煤气混合处理过程　经脱焦油处理的上段煤气与经除尘冷却处理的下段煤气混合后，接着进入间接冷却器，在间接冷却器内被冷却至 35～45℃，产生含有酚、轻油的高浓度酚水混合物。然后煤气再进入电捕轻油器中，煤气中的轻油雾滴及灰尘被极化，汇集到极管管壁，自流至轻油罐。经过进一步冷却、脱油处理的冷净煤气，经加压机加压后经过煤气管道进入窑炉供生产线使用。

④ 煤气的脱硫处理 经过脱油、除尘处理后的煤气，仍然含有较高浓度的硫，煤气中的硫主要以 H_2S 的形式存在，燃烧后会氧化成 SO_2，是一种主要的大气污染物，同时，如果煤气中含硫率过高，对所加工产品特别是一些颜色较浅产品的质量有很大影响，会使产品表面泛黄色。因此，煤气在供窑炉使用前还需进行脱硫处理，经处理后煤气的含硫率应不大于0.06%。

煤气站采用的脱硫工艺为TG型常温氧化铁脱硫剂干法脱硫，实际采用的脱硫剂为铁炭复合脱硫剂，这种脱硫方法广泛用于煤气、焦炉气、液化气、化工原料气、沼气等储气源，具有设备简单，操作方便，净化度高，床层阻力小，适应性强等优点。其工艺原理可以归结为以下反应式：

$$Fe_2O_3 \cdot H_2O + 3H_2S = Fe_2S_3 \cdot H_2O + 3H_2O$$

$$2H_2S + O_2 = 2S + 2H_2O$$

根据《TG-F型氧化铁脱硫剂在煤气净化中的应用》《TG-F型脱硫剂在焦炉煤气脱硫中的应用》《新型高温煤气净化技术的试验研究》《TG-F脱硫剂连续再生脱硫工艺的应用研究》等相关研究结论，TG型常温氧化铁脱硫剂干法的脱硫效率可保证在99.6%以上。

一般脱硫剂使用约一个季度后，达到饱和时需要更换，但不宜随意处理，以免造成污染，应交由具有相应资质单位处理处置。

(4) 储气和排送气工段

煤气站生产的冷净煤气升压后送到企业内的窑炉使用。

(5) 三废处理工段

对煤气站排放的废水和废气进行处理，以减少煤气站生产过程排放污染物对外环境的影响。主要包括煤气炉生产过程排放工艺废气的处理系统以及酚水处理系统。

① 酚水及焦油处理 在煤气生产过程中产生的焦油、轻油和酚水经分离之后，焦油送入封闭的焦油储柜，交由有资质的单位处理；煤气发生炉余热锅炉自产蒸气对酚水进行加热，使污水中的酚

随水蒸气蒸发出来，再将这部分含酚蒸气通入发生炉炉底混入空气中作为气化剂使用，酚在高温下分解成 CO_2 和 H_2O 最终达到脱酚的目的，实现无生产废水排放。

② 煤气炉及管路吹扫　煤气发生炉在停机检修和启动生产前要对煤气发生炉和管路系统进行吹扫，以清除残留在系统中的空气。煤气站的吹扫工艺为：启动时，先对煤气发生炉进行预热，预热产生的混合煤气通过放空火炬烧掉，产生蒸气对系统进行吹扫，待吹扫完毕后进行正式的生产；停机时利用残留在炉体中的煤（处于燃烧状态）产生的热量生产夹套蒸气来吹扫。一般正常启动和停产时产生蒸气的可实现吹扫任务，但在紧急状态如夹套、余热锅炉或炉体发生故障时，蒸气供应不足，因此煤气站必须储备应急吹扫气源，一般采用氮气作应急吹扫气源，储气量以能完成一次吹扫任务所需量为宜。

煤气站发生炉每次点火启动时吹扫时间一般为 2～3h，排空的废气使用放空火炬燃烧。吹扫用的放空火炬设在进入车间和设备的进口阀前，位于煤气管道的末端即管道的最高处，其位置设在厂房顶部。需排空的废气主要成分为水汽，掺杂少量煤气，经放空火炬燃烧后最终排入大气的气体为 CO_2 和水汽，不会对大气环境造成污染影响。

5. 产污环节分析

① 原料煤储运过程的破碎、筛分、皮带运输过程会产生一些无组织排放的煤尘。

② 煤气炉的加煤、探火以及开、停车等非正常生产情况排放的工艺废气。

③ 煤气发生炉以煤炭作为主要的燃料及生产原料，会产生炉灰渣，产生量约占煤炭总量的 25%，约为 1500t/a。

④ 空气鼓风机、煤气加压机、皮带输送机、泵类等设备工作时会产生一定的噪声。

⑤ 煤气燃烧时产生的粉尘、SO_2 和 NO_x。

⑥ 煤气脱硫塔报废的脱硫剂及其副产品硫黄。

⑦ 煤气炉一般负荷工作时每吨煤的焦油产生量约为 50kg，年耗煤量为 6000t，则每年煤气站焦油产生量约为 300t。焦油属于《国家危险废物名录》中 HW11 类危险废物，委托有资质的专业危险废物处理公司收集处理。

⑧ 煤气中饱和水蒸气、大部分轻质油、含酚、含氰挥发的有机物也被冷凝下来形成酚水，根据厂方提供资料，1t 煤产生约 70kg 酚水，年产生量为 420t。

6. 项目污染源分析

(1) 大气污染源分析

① 煤气燃烧产生的污染物　煤气的主要成分是 CO、H_2、CH_4、C_mH_n、H_2S 等可燃气体和 CO_2、N_2、O_2、H_2O 等不可燃气体，以及少量粉尘。CO、H_2、CH_4、C_mH_n 等燃烧的产物是 CO_2 和水，对环境无污染，不可燃气体对环境没有影响，而 H_2S 的燃烧产物是 SO_2，N_2 燃烧产物为 NO_x，是主要的大气污染物。此外，煤气中还含有一定量粉尘。煤气燃烧产生的废气拟通过排气筒排放，排放高度为 25m。

煤气燃料时，理论空气需要量 V_0 计算公式为：

$$V_0=0.875\frac{Q_L^y}{1000}(m^3/m^3\text{标准状况})$$

辊道窑的实际烟气量 V_y 计算公式为：

$$V_y=0.725\frac{Q_L^y}{1000}+1+(\alpha-1)V_0$$

式中　Q_L^y——煤气低位热值，取 1450kcal/kg；

α——过剩空气系数；根据建设单位估算的经验数据，α 取 1.3。

则燃烧 $1m^3$ 水煤气产生烟气约为 $2.4m^3$，即 $V_y=2.4m^3/m^3$ 标准状况。本项目煤气发生炉的产气量约 $3500m^3/h$，则实际烟气产生量为 $8400m^3/h$。

② 未净化煤气 H_2S 产生情况　本项目用于煤气制造的煤为山西优质无烟煤，年耗量 6000t，煤的平均含硫率约 0.83%。根据文献和实际生产分析，煤气生产过程中，煤中的硫 80% 会被气化出来，主要以 H_2S 的形式存在。据此计算，存在煤气发生炉出口处煤气中的硫有 39.68t/a，以 H_2S 形式存在（H_2S 产生量为 42.16t/a）。煤气站年生产 250d，日生产 24h，则煤气中 H_2S 的产生速率为 7.027kg/h。如果按 SO_2 计，则 SO_2 产生量为 79.36t/a，产生速率为 13.227kg/h。

③ 净化煤气治理及燃烧后 SO_2 排放情况　建设单位拟安装脱硫塔对煤气进行脱硫专项治理，拟采用氧化铁为脱硫剂，该法是常用的煤气净化工艺方法，平均脱硫效率为 85%，经治理后的煤气燃烧后 SO_2 的排放浓度和排放速率分别为 236.07mg/m³ 和 1.983kg/h，排放高度为 25m，可达到《工业炉窑大气污染物排放标准》(GB 9078—1996) 二级标准。

④ NO_x 排放　根据《环境统计手册》(方品贤等主编，四川科学技术出版社，1985 年) 推荐的公式，燃料燃烧产生 NO_x 的公式为：

$$G_{NO_x}=1.63B(\beta n+10^{-6}\times V_y C_{NO_x})$$

式中 G_{NO_x}——NO_x 产生量，kg/h；

B——燃料使用量，kg/h；

β——燃烧氮向燃料型 NO 的转变率，这里取 25%；

n——燃料中氮的含量，这里取 1%；

V_y——1kg 燃料燃烧生成标准状况下的烟气量，m³/kg；

C_{NO_x}——燃烧时生成的温度型 NO 的浓度，mg/m³，通常取 93.8mg/m³。

计算得出 NO_x 产生量为：$G_{NO_x}=4.18$kg/h。排放浓度为 497.62mg/m³。

⑤ 粉尘产生及排放情况　根据煤气站设计要求，净煤气粉尘含量≤32mg/m³，则煤气燃烧后体积变为净煤气的 2.4 倍，粉尘

排放浓度为 13.33mg/m^3，排放量约为 0.112kg/h。以旋风除尘器除尘效率 90%计推算，则粉尘产生量为 1.12kg/h，产生浓度为 133.3mg/m^3。

表 4-4 为煤气发生炉废气污染物产生和排放情况。

表 4-4　煤气发生炉废气污染物产生和排放情况表

污染物产生情况			去除率/%	污染物排放情况		排放标准/(mg/m^3)
污染物	初始浓度/(mg/m^3)	产生量/(t/a)		排放浓度/(mg/m^3)	排放量/(t/a)	
SO_2	1574.64	42.16	85	236.07	11.90	850
NO_x	497.62	25.08	—	497.62	25.08	—
粉尘	133.3	6.72	90	13.33	0.672	200

⑥ 无组织排放废气　本项目无组织排放废气主要来源于原料场、输送带、煤气发生站等。

煤场扬尘：煤场采用露天堆存，有风天气会扬起产生扬尘污染，扬尘量与浓度等与风速风向、原料粒度、湿度等密切相关。参考一般煤场的实际经验，在有风天的装卸料、破碎、筛分等过程，煤以扬尘形式的损失一般在 0.1%左右，每天用煤量为 24t/d，以损失水平 0.1%计算，本项目的扬尘产生量约为 24kg/d(6t/a)。

煤气发生站恶臭气体：根据煤气发生站的生产工艺，理论上不存在工艺废气的产生，但根据同类厂家的调查结果，由于阀门的泄漏以及检修过程中气封不严，还是会产生一定的工艺废气（异味），成分主要有硫化氢、一氧化碳、甲烷、氢气等，浓度不高。一般情况下，煤气泄漏水平在千分之一以下，即小于 0.001m^3/m^3 煤气。本项目的煤气发生炉小时最大耗煤量约为 1t，按每吨煤产气 3500m^3，煤气中硫化氢含量 2007.71mg/m^3 计算，可以确定本项目无组织排放的 H_2S 最大值为 7.027g/h。

煤气发生站生产过程中，主要的臭味来自焦油池、酚水池中的挥发成分会有轻微的渗透或散逸，成分比较复杂。根据相关文献资料，主要为焦油中轻油组分中的苯乙烯、茚、二聚环戊二烯和二硫化碳及硫氮氧化合物（硫化氢）等，另外酚水池也有一定的挥发酚挥发，均属于无组织排放，浓度较低；其中该臭味的主要影响因子为酚等，项目已经将酚水池和焦油池全密封储存和输送等措施减少臭气的产生。类比佛山市三英铝业公司煤气发生炉的数据，一般酚的无组织排放量为硫化氢的三分之一，即 2.342g/h。

项目大气污染物产生情况汇总见表 4-5。

表 4-5 大气污染源强汇总表

<table>
<tr><td rowspan="2">污染源</td><td rowspan="2">污染物</td><td rowspan="2">废气量/(m^3/h)</td><td>产生源强</td><td colspan="2">治理措施</td><td colspan="2">排放参数</td><td>排放源强</td><td>标准值</td></tr>
<tr><td>mg/m^3 (kg/h)</td><td>方法</td><td>效率/%</td><td>高度/m</td><td>温度/℃</td><td>mg/m^3 (kg/h)</td><td>mg/m^3</td></tr>
<tr><td rowspan="2">煤气燃烧</td><td>SO_2</td><td rowspan="3">8400</td><td>1574.64 (13.227)</td><td>脱硫塔</td><td>85</td><td rowspan="3">25</td><td rowspan="3">80</td><td>236.07 (1.983)</td><td>850</td></tr>
<tr><td>NO_x</td><td>497.62 (4.18)</td><td>—</td><td>—</td><td>497.62 (4.18)</td><td>—</td></tr>
<tr><td>煤气炉</td><td>粉尘</td><td>133.3 (1.12)</td><td>旋风除尘</td><td>90</td><td>13.33 (0.112)</td><td>200</td></tr>
<tr><td>煤场</td><td>粉尘</td><td>—</td><td>(1)</td><td>—</td><td>—</td><td>—</td><td>—</td><td>(1)</td><td rowspan="3">无组织</td></tr>
<tr><td rowspan="2">煤气炉</td><td>H_2S</td><td>—</td><td>(0.0070)</td><td>—</td><td>—</td><td>—</td><td>—</td><td>(0.0070)</td></tr>
<tr><td>酚类</td><td>—</td><td>(0.0023)</td><td>—</td><td>—</td><td>—</td><td>—</td><td>(0.0023)</td></tr>
</table>

（2）废水污染源分析

煤气发生炉在燃烧时需要水蒸气作为气化剂生产冷煤气，单位耗水量为 0.2t/h，年用量为 1200t/a。

煤气发生炉需要用隔断水封阀对煤气进行调节，每个水封阀用水 300kg，2 个水封阀为 600kg，水封阀密封，不产生损耗。

生产废水主要为酚水，是煤气中饱和水蒸气、大部分轻质油、含酚、含氰挥发的有机物被冷凝下来形成的。根据厂方提供资料，1t 煤产生约 70kg 酚水，酚水年产生量为 420t。煤气发生炉余热锅炉自产蒸气对酚水进行加热，使污水中的酚随水蒸气蒸发出来，再将这部分含酚蒸气通入发生炉炉底混入空气中作为气化剂使用，酚

在高温下分解成 CO_2 和 H_2O，最终达到脱酚的目的，实现无生产废水排放。

(3) 噪声污染源分析

① 噪声源的类型 本项目噪声主要来源于空压机、鼓风机、输送带及生产机械等，均属高噪声的设备。

② 主要噪声源及源强 见表 4-6。

表 4-6 项目噪声源及源强

序号	设备名称	测点与设备的距离/m	声级值/dB(A)
1	空压机站	5	95
2	空气鼓风机	5	85～95
3	煤气加压机	5	90～95
4	皮带输送机	5	85
5	水泵	5	80～85

从表 4-6 可以看出，本项目主要噪声源的强度为 85～95dB。拟在满足工艺生产的前提下，尽可能选用低噪声设备，对高噪声的空压机等动力噪声源在进出风口加装消声器；煤气加压机、鼓风机等强噪声场或车间采用封闭式厂房，产生噪声的车间设置隔声值班室。同时对噪声设备进行减振处理，并且将强噪声源布置在远离厂界的位置。

(4) 固体废物污染源分析

① 煤气发生炉发生的煤灰渣 项目年用煤 6000t，灰分占 25%，则每年产生的炉灰渣为 1500t。

② 煤气炉一般负荷工作时每吨煤的焦油产生量约为 50kg，年耗煤量为 6000t，则每年煤气站焦油产生量约为 300t。焦油属于《国家危险废物名录》中 HW11 类危险废物，委托有资质的专业危险废物处理公司收集处理。

③ 煤气脱硫塔中，脱硫剂装填量 20t，在脱硫过程中，由于活性氧化铁与煤气中的 H_2S 接触后，不断地生成硫化铁或硫化亚铁，

其脱硫效率也将随之下降。为保证脱硫效率达到85%，一次工作硫容为脱硫剂的15%～20%，经过2～4次脱硫再生，当硫容大于30%后便报废，更换新脱硫剂。本项目脱硫量为33.73t/a，一次工作硫容按15%计，再生次数按3次计，则脱硫量为9t，每年约需一个季度更换一次脱硫剂。每年生产250d，每年更换的废脱硫剂约75t，副产品硫黄33.73t/a。

(5) 污染物排放情况汇总

项目污染物产生与排放情况见表4-7。

表4-7 项目污染物产生与排放情况一览 单位：t/a

<table>
<tr><th colspan="2">类型</th><th>污染物</th><th>产生量</th><th>削减量/处置量</th><th>排放量</th></tr>
<tr><td rowspan="6">废气</td><td rowspan="2">窑炉燃烧</td><td>SO_2</td><td>79.36</td><td>29.51</td><td>11.90</td></tr>
<tr><td>NO_x</td><td>25.08</td><td>0</td><td>25.08</td></tr>
<tr><td rowspan="3">煤气发生炉</td><td>粉尘</td><td>6.72</td><td>5.616</td><td>0.672</td></tr>
<tr><td>H_2S</td><td>0.042</td><td>0</td><td>0.042</td></tr>
<tr><td>挥发酚</td><td>0.014</td><td>0</td><td>0.014</td></tr>
<tr><td>煤场</td><td>粉尘</td><td>6</td><td>0</td><td>6</td></tr>
<tr><td colspan="2" rowspan="4">固体废物</td><td>煤渣</td><td>1500</td><td>1500</td><td>0</td></tr>
<tr><td>焦油</td><td>300</td><td>300</td><td>0</td></tr>
<tr><td>废脱硫剂</td><td>75</td><td>75</td><td>0</td></tr>
<tr><td>副产品</td><td>33.73</td><td>33.73</td><td>0</td></tr>
</table>

7. 环境保护措施

(1) 大气污染防治措施

煤气的燃烧废气，由于煤气已经过脱硫除尘处理，燃烧后的污染物较低，经25m高排气筒直接排放，可以达到《工业炉窑大气污染物排放标准》(GB 9078—96) 二级标准相应要求。

煤气中的硫绝大部分以H_2S的形式存在，而H_2S随煤气燃烧后转化成SO_2，若不治理，SO_2的排放将严重超标，将对区域环境产生较大污染；另一方面，硫化物过高对产品质量也有较大影响，鉴于此，煤气中 H_2S 的脱除程度业已成为其洁净度的一个重要指标，必须满足《发生炉煤气站设计规范》(GB 50195—2013) 有关规定。

冷煤气脱硫大体上可分为干法脱硫和湿法脱硫两种方法，干法脱硫以氧化铁法和活性炭法应用较广，而湿法脱硫以酸碱法、ADA、改良 ADA 和栲胶法颇具代表性。

① 氧化铁脱硫技术

脱硫：该法是以活性氧化铁为脱硫剂，使煤气中的 H_2S 与活性氧化铁充分接触，并生成硫化铁和亚硫化铁，从而脱除 H_2S。

再生：在脱硫过程中，由于活性氧化铁与煤气中的 H_2S 接触后，不断地生成硫化铁或硫化亚铁，其脱硫效率也将随之下降，一般使用周期为 20～30d。再生脱硫剂，就是关闭已经运行一段时间的脱硫装置，使其内所生成的硫化铁或硫化亚铁与空气的氧在水雾条件下接触反应，此时含铁的硫化物又还原成氧化铁或者是单体硫。氧化铁脱硫和再生反应过程如下。

脱硫过程：$Fe_2O_3 \cdot H_2O + 3H_2S \longrightarrow Fe_2S_3 \cdot H_2O + 3H_2O$

$Fe_2O_3 \cdot H_2O + 3H_2S \longrightarrow 2FeS + S + 4H_2O$

再生过程：$Fe_2S_3 \cdot H_2O + 3/2O_2 \longrightarrow Fe_2O_3 \cdot H_2O + 3S$

$2FeS + 3/2O_2 + H_2O \longrightarrow Fe_2O_3 \cdot H_2O + 2S$

氧化铁脱硫剂再生是一个放热过程，如果再生过快，放热剧烈，脱硫剂容易起火燃烧，这种火灾现象曾在多个企业发生，需要引起重视，再生时应控制反应速率，防止事故发生。

② 活性炭脱硫技术 活性炭脱硫主要是利用活性炭的催化和吸附作用，活性炭的催化活性很强，煤气中的 H_2S 在活性炭的催化作用下，与煤气中少量的 O_2 发生氧化反应，反应生成的单质 S 吸附于活性炭表面。当活性炭脱硫剂吸附达到饱和时，脱硫效率明显下降，必须进行再生。活性炭的再生根据所吸附的物质而定，S 在常压下，190℃时开始熔化，440℃左右便升华变为气态，所以，一般利用 450～500℃左右的过热蒸气对活性炭脱硫剂进行再生，当脱硫剂温度提高到一定程度时，单质硫便从活性炭中析出，析出

的硫流入硫回收池，冷却后形成固态硫。活性炭脱硫的脱硫反应过程如下：

$$2H_2S+O_2 = 2S+2H_2O$$

活性炭脱硫再生工艺流程见图4-5。

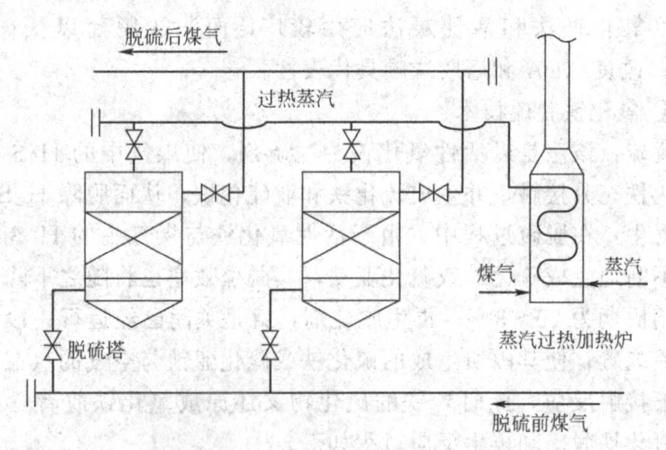

图4-5 活性炭脱硫再生工艺流程

③ 湿法脱硫技术 湿法脱硫应用较早的方法是氨洗中和法，自从20世纪50年代初国外出现ADA法以来，我国也先后研制开发了改良型ADA法、MSQ法、KCS法以及栲胶法等脱硫技术。

湿法脱硫可以归纳分为物理吸收法、化学吸收法和氧化法三种。物理吸收法是采用有机溶剂作为吸收剂，加压吸收H_2S，再经减压将吸收的H_2S释放出来，吸收剂循环使用，该法以环丁砜法为代表；化学吸收法是以弱碱性溶剂为吸收剂，吸收过程伴随化学反应过程，吸收H_2S后的吸收剂经增温、减压后得以再生，热砷碱法即属化学吸收法；氧化法是以碱性溶液为吸收剂，并加入载氧体为催化剂，吸收H_2S，并将其氧化成单质硫，氧化法以改良ADA法和栲胶法为代表。

目前，在发生炉煤气的湿法脱硫技术中，应用较为广泛的是栲胶脱硫法。它是以纯碱作为吸收剂，以栲胶为载氧体，以$NaVO_2$为氧化剂。其脱硫及再生反应过程如下。

吸收：在吸收塔内原料气与脱硫液逆流接触硫化氢与溶液中碱作用被吸收。

析硫：在反应槽内硫氢根被高价金属离子氧化生成单质硫。

再生氧化：在喷射再生槽内空气将酚态物氧化为醌态。

以上过程按顺序连续进行从而完成气体脱硫净化。

④ 氧化铁脱硫的可行性分析　根据前面分析可知，氧化铁脱硫是较为成熟的工艺，生产中应用广泛，选择此种工艺风险很小；氧化铁同时吸附了煤气中的其他杂质，有利于煤气的进一步净化；设备投资和运转费用相对其他方法是较低的，操作和管理也较方便。

综上所述，选用氧化铁脱硫从技术、经济，以及实际使用的经验上都是可行的。项目应从专业厂家选购最优的脱硫设备，对操作工人进行技术培训，使设备处于最佳运转状态，确保脱硫率不低于85%，本评价认为该方案可行。

（2）水污染防治措施

根据厂方提供资料，1t 煤产生约 70kg 酚水，年产生量为420t。煤气发生炉余热锅炉自产蒸气对酚水进行加热，使污水中的酚随水蒸气蒸发出来，再将这部分含酚蒸气通入发生炉炉底混入空气中作为气化剂使用，酚在高温下分解成 CO_2 和 H_2O，最终达到脱酚的目的，实现无生产废水排放。

（3）噪声污染防治措施

根据同类厂家实测情况，各车间内主要设备噪声源强为 85～95dB(A)。噪声防治对策应该从声源上降低噪声和从噪声传播途径上降低噪声两个环节着手。

① 企业应选用低噪声环保型设备，并维持设备处于良好的运转状态；对声源采用减振、隔声、吸声和消声措施。

② 对于风机、水泵等高噪声设备设置独立的机房，并在机房内进行隔声、吸声处理。

③ 采用“闹静分开”和“合理布局”的设计，使高噪声设备

尽可能远离噪声敏感区。在厂区布局设计时，应将噪声大的车间设置在厂中心，周围建造仓库等辅助用房，这样可阻挡主车间的噪声传播，把车间的噪声影响限制在厂区范围内，降低噪声对外界的影响，确保厂界噪声符合标准要求。

④ 在主车间、生活区和厂区周围，种植绿化隔离带，林带应乔、灌木合理搭配，并选择分枝多，树冠大、枝叶茂盛的树种，选择吸声能力及吸收废气能力强的树种，以减少噪声和其他污染物对周围环境及保留居住区的影响。

采用上述治理措施后可有效治理噪声污染，降低对周围居民的影响，产生较好的社会效益。

(4) 固体废弃物污染防治措施

项目固体废物产生和排放情况见表 4-8。

表 4-8 项目固体废物产生和排放情况 单位：t/a

序号	名称	产生源	产生量	性状	处置措施	处置周期
1	煤渣	煤气发生站	1500	固体	外卖制砖厂	每周
2	焦油		300	液体	委托具有资质的单位处理处置	每月
3	废脱硫剂		75	固体	委托具有资质的单位处理处置	3 个月
4	副产品硫黄		33.73	固体	外卖	3 个月

思考与练习

1. 两段式煤气发生炉的主要工艺流程包括哪几部分？各产生什么污染物？

2. 煤气发生炉制备的煤气中含有 H_2S，有哪些工艺可以处理煤气中的 H_2S？

3. 煤气发生炉制备煤气过程中产生的酚水，有哪些处理工艺？

4. 为了开展本案例中的污染源分析工作，需要向建设单位搜集哪些基础资料和数据？

案例五　家具生产项目污染源分析案例

一、行业背景

改革开放以来，广东省家具制造业在全国一直处于领先水平，根据《2009年广东工业统计年鉴》，广东省2008年家具制造行业总产值为831.17亿元，比2007年增长23.9%，其中木质家具制造行业总产值约占整个家具行业的一半以上。广东省家具制造业为社会创造了巨大经济效益的同时，也带来了一系列工艺废气、固体废物等环境污染问题，尤其以挥发性有机物VOCs的产生与排放为典型。

由于历史原因和成本原因，广东省木质家具企业一直以溶剂型涂料为主，只有少数企业开始应用水溶性涂料。溶剂型涂料属于油性涂料，依靠挥发性化学溶剂进行稀释、加快固化时间，都含有较大量的VOCs。木质家具常用溶剂型涂料有四种：硝基漆（NC），聚氨酯漆（PU），不饱和聚酯漆（PE），聚氨酯紫外线光固化漆（UV）。木质家具企业以硝基漆（NC）生产中低档、中档产品，以聚氨酯漆（PU）、不饱和聚酯漆（PE）、聚氨酯紫外线光固化漆（UV）生产中高档、高档产品。由于聚氨酯紫外线光固化漆（UV）适合大规模板式家具生产流水线作业，具有投资大、产量大、效率高，以及固化周期短、质量控制难等特点，在中小家具企业应用较少。

1. 家具行业VOCs排放特点

家具制造过程产生的VOCs主要来源于涂装过程，由于家具类型不同，涂料的类型和涂装工艺会有所不同，挥发性有机化合物的排放也会不同。家具制造过程 VOCs 排放主要存在以下特点。

（1）VOCs 排放与使用的涂料类型有关，涂装相同面积时，使用油性涂料产生的 VOCs 最多，水性涂料次之，粉末涂料最少。

（2）VOCs 排放与涂装技术有关。涂装相同面积时，空气喷涂产生的 VOCs 最多，静电喷涂和刷涂等工艺产生的 VOCs 较少。

（3）木质家具制造过程一般使用的油性涂料，主要有聚氨酯类涂料、硝基类涂料、醇酸类涂料三大类。采用空气喷涂方法，在制作工艺中需要对家具进行多次喷底漆和面漆操作，使用涂料种类多样，用量大，VOCs 排放种类与排放量在家具制造行业中居于首位。

（4）软体家具虽然以弹性材料和软质材料为主，但家具的弯变、扶手、脚架仍以木材为主，在制作过程中也需要涂装底漆和面漆，涂装工艺与木质家具相同。

（5）金属家具可以分为电镀家具和烤漆类家具，所使用的涂料类型包括液体涂料和固体粉末涂料，涂装过程可以采用空气喷涂及静电喷涂。

（6）塑料家具、竹藤家具以及玻璃家具在制作过程中，VOCs 产生量小，污染少。

2. 家具生产工艺

现代木质家具生产工艺主要有五个过程：配料，白胚加工，组装，涂装，包装。

（1）配料

家具制造传统的配料方法通常由选料、切长、压刨、纵剖、平刨、拼板、套材、压刨、四面刨等工序组成。随着新型加工设备的出现，以上的流程已得到相应的简化，但基本原理不变。

（2）白胚加工

白胚加工（细作）是按照各分件图纸所要求的尺寸和形状将毛

料加工成产品的过程。需重点注意的工序是打孔、铣型、截斜角、雕刻部件的加工，必须保证加工精度，这样才能保证组装工序的组装精度在允许的误差范围内。

（3）组装

基本过程是先装框架再装细节，装好后再对不合理的地方进行修整。

（4）涂装

涂装工艺流程如下：破坏处理（敲打、虫孔、沟槽、锉边等）、吹灰处理、喷底色、封闭漆、干燥、打磨、擦色、拉明暗、干燥、第一道底漆、干燥、打磨、喷点、干刷、第二道底漆、打磨、干刷修色、干燥、第一道面漆、干燥、打磨、灰尘漆，修整、第二道面漆、干燥，下线。

家具涂装的品质控制是家具制造中最难的，也是问题最多的。

（5）包装

从涂装线下来的产品进行整体包装，注意保护边角，并按客户要求做好运输标志（俗称唛头）。

绝大部分实木家具生产企业都是从外单位购买回已经加工好的白胚，只进行第三、第四和第五个工序。而人造板材家具的生产工艺较实木家具生产工艺简单，将购买回的板材进行贴皮、封边和上漆处理。

家具生产工艺流程分别见图 5-1、图 5-2。

3. 家具生产特征污染物

由图 5-1、图 5-2 可知，实木家具在制作的过程中要经过多次底漆和面漆的喷涂，喷涂后进行干燥，板式家具在封边、贴纸及油漆喷涂过程中也要用到胶黏剂和油漆，在油漆喷涂、干燥和板式家具的封边过程中，油漆和胶黏剂中大量的有机溶剂挥发出来，形成有机废气，成为木质家具厂主要的污染物来源。它不仅危害工作人员的身体健康，同时对环境造成污染。

大量现场调查资料表明，木质家具厂使用的油漆多为油性漆，

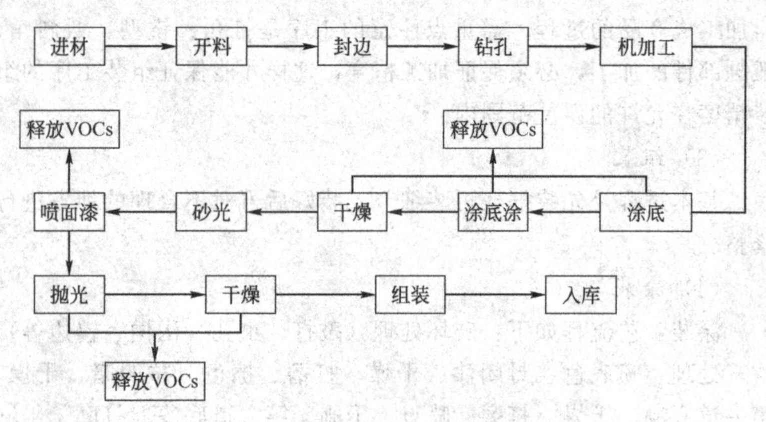

图 5-1 实木家具生产工艺流程

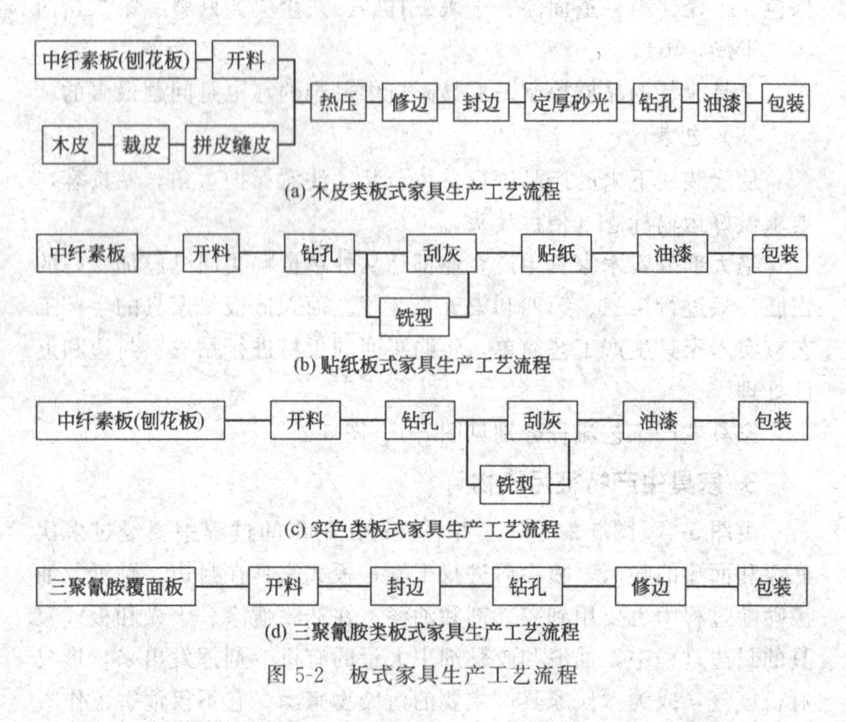

图 5-2 板式家具生产工艺流程

如硝基漆、聚氨酯漆、醇酸树脂漆、丙烯酸漆等，在使用过程中，油漆、固化剂和稀释剂按 1∶(0.4～0.5)∶(0.8～1) 的比例混合，使之能用于喷涂。油漆和稀释剂中含有大量的有机溶剂，聚酯漆含有的有机溶剂主要有甲苯或二甲苯等；醇酸树脂漆含有的有机溶剂主要为二甲苯、松香水、松节油等；硝基漆中主要为醋酸丁酯、丙酮、丁酮、乙醇、丁酮等；聚氨酯漆中主要为二甲苯、环己酮、醋酸丁酯、丙酮等。而稀释剂则是由多种有机溶剂混合而成的，如聚氨酯漆采用的稀释剂主要成分为环己酮、醋酸丁酯、无水二甲苯。因此，油漆在使用的过程中，会挥发出大量的VOCs。木质家具厂油漆使用车间主要为喷涂车间，使用的喷涂方式绝大部分为空气喷涂，在喷涂的过程中，油漆以气雾的形式悬浮在空气中，形成含有有机溶剂的雾滴，恶化现场工作环境。板式家具用胶因材而定，如木纹纸、PVC、三聚氰胺等材料时可用溶剂型胶或PVA胶；采用ALKORCELL或薄木时用热熔胶或PVA胶。

综上分析，木制家具厂VOCs主要来源于以下过程。

（1）调漆过程中，由于搅拌混合，稀释剂及油漆中含有的有机溶剂易挥发到空气中。

（2）木质家具在制作过程中，为了使家具光滑美观，要经过多次喷漆，一般为两次底漆，一到两次的面漆。在喷涂过程中，油漆中含有的有机溶剂挥发出来形成污染源。

（3）喷漆后的干燥过程，油漆中的有机溶剂自然挥发。

（4）板式家具生产过程中，封边、贴纸工序用到胶黏剂，其中含有的有机溶剂挥发。

以上污染源中，油漆调和、家具干燥过程以及胶黏剂使用时排放的VOCs属于无组织排放，排放量小，污染物收集控制起来相对困难，目前多数企业对这些环节排放的有机挥发性污染物基本上没有控制。而在喷涂过程中，油漆用量大且以气雾的形式悬浮在空气中，浓度高，危害大，成为家具厂主要的污染源。

二、案例分析

1. 项目概况

为满足国内外市场发展的需求，推动企业进步，提高企业产品在国内外的竞争能力，广州市某公司拟投资 8000 万元，新建年产 20 万件家具项目。

项目厂址位于广州市 A 区 B 镇工业园 18 号，总占地面积 $46640m^2$，其中绿化面积 $9500m^2$。

项目有员工 100 人，实行 1 班制，每天工作 8h，年生产天数 300 天，年生产时间 2400h。

2. 生产工艺

项目生产工艺流程图见图 5-3，各工序说明如下。

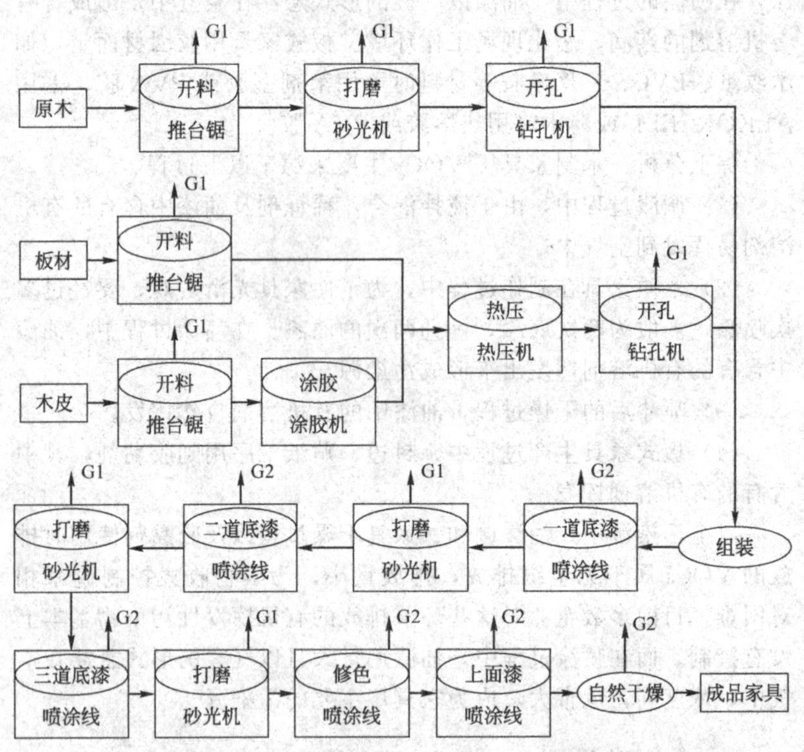

图 5-3 项目工艺流程及产污环节图（G1、G2 代表排气筒）

① 开料：外购半成品的原木、板材、木皮，按要求通过锯料设备直接开料，得到符合尺寸要求的木料。

② 打磨：通过打磨设备机加工原木表面，使其光滑、平整，以利于后续喷漆加工。

③ 涂胶：将胶水通过涂胶机均匀涂覆在木皮表面，使其具有黏附能力。

④ 热压：将涂胶的木皮通过压力黏附在板材表面。

项目开料、打磨、涂胶、热压、开孔均在木工车间内完成。

⑤ 底漆：通过喷涂生产线将油漆涂抹在木料表面，然后再送至打磨车间打磨，重复三次，以提高产品质量，保证产品的色泽。

⑥ 修色：根据底漆以及打磨的效果，适当通过喷涂对木料表面的色泽做修整。

⑦ 面漆：通过喷涂生产线将面漆喷涂在木料表面。

⑧ 自然干燥：木质制品漆面不能强制干燥，因此在喷漆房后面配套一个晾干房，将喷漆后的家具放入自然干燥，晾干房封闭。

项目喷底漆、面漆以及修色均采用水帘喷漆喷涂，在水帘喷漆室内完成。水帘喷漆室是以水为介质，工作时水在涂装工件前方的幕板上呈帘式流动的漆雾处理设备。

① 水帘喷漆的工作原理　喷漆工作时，残余的漆雾由气流冲击接触水帘和水面，被附着和带走至水面与水帘间的文丘里口，使水、漆雾充分混合后再经过后室的气水分离器，使漆雾在液膜、气泡上附着，或以粒子为核心，产生露滴凝集，增加漆粒的重力、惯性力、离心力抛向水池，水池中的漆粒通过打捞做废渣处理。

气流通过气水分离器后，带有少量漆雾通过排风机经活性炭装置处理后排入室外大气，排外的气流中主要带有溶剂成分。

② 水帘喷漆室的特点　提高了操作环境的劳动卫生条件，避免了飞散漆雾对工件的二次污染，提高了工件表面质量。

3. 生产设备

主要生产设备见表 5-1。

4. 原辅材料消耗

主要原辅材料见表 5-2。

表 5-1 主要生产设备一览

序号	设备名称	规格型号	数量/台	备注
1	推台锯	F92T	3	4.75kW
2	推台锯	WA8	5	6.25kW
3	钻孔机	YRT100	2	2kW
4	宽带砂光机	SuPER-2BRF	2	40kW
5	宽带砂光机	HTS130R-R-P	2	60kW
6	宽带砂光机	HTS130R-R-P	1	30kW
7	双头砂光机	MM2115	2	15kW
8	涂胶机	MT6213	2	2.2kW
9	冷压机	MY315	3	7.5kW
10	热压机	BY21	2	40kW
11	油漆喷涂生产线	PW-S2B1BLMAG	2	每条线 6 个喷房
12	空压机	5 匹	4	

表 5-2 主要原辅材料一览

原辅材料名称		年用量	储存运输方式	备注
原木		6000m^3	车运	储存于普通仓库
板材		2000m^3	车运	储存于普通仓库
木皮		$50\times10^4 m^3$	车运	储存于普通仓库
油漆及辅料	PE 底漆	20t	车运	储存于化学品仓库
	PU 面漆	10t	车运	储存于化学品仓库
	固化剂	5.6t	车运	储存于化学品仓库
	稀释剂	30t	车运	储存于化学品仓库
各类胶水	白胶水	0.3t	车运	储存于化学品仓库
	热溶胶	0.2t	车运	储存于化学品仓库
	热压胶	0.3t	车运	储存于化学品仓库
	快干胶	0.1t	车运	储存于化学品仓库

5. 物料平衡

项目生产过程使用大量的油漆及稀释剂，其中含有较多的有机溶剂，项目产生的有机废气主要为有机溶剂的挥发排放，因此，根据项目使用的油漆及稀释剂的组分情况，并参照同类厂家的情况，得出项目有机溶剂的物料平衡状况，见表 5-3。

表 5-3　项目有机溶剂平衡状况

类别		甲苯/t	二甲苯/t	醋酸丁酯/t
输入	PE 底漆含	0	5	3
	PU 面漆含	2	2	0
	稀释剂含	3.3	1.4	0.9
	小计	5.5	8.4	3.9
输出	木制品附着	1.38	2.52	1.18
	水帘柜吸收	0.94	1.34	0.61
	活性炭吸附	1.86	2.67	1.20
	排气筒排放	0.33	0.47	0.21
	无组织排放	1.00	1.40	0.70
	小计	5.50	8.40	3.90

6. 污染源分析

(1) 废水污染源

① 生产废水　本项目生产废水来自于水帘喷漆间歇排放的循环用水，循环用水含有的主要污染物为有机溶剂及 COD。水帘喷漆过程中所使用的水循环利用，水帘喷漆机每 5 天进行一次撇渣，将漂浮在水面的废油漆渣收集处理，每 20 天排放一次撇渣后的循环用水，排放量约为 3t/次，则生产废水的年排放量为 45t/a。由于水帘喷漆的循环用水属于间歇排放，COD 和有机溶剂浓度较高，但年排放量较小，因此项目将生产废水统一收集于生产车间的废水池，并委托有资质的单位对生产废水进行处理，因此项目无生产废水外排。

② 生活污水　项目有员工 100 人，全部在厂内食宿，员工生活用水量约 6000t/a，排放系数取 0.9，则污水排放量为 5400t/a。

项目属于前锋污水处理厂集水范围，其产生的生活污水污染因子简单，餐饮废水经三级隔油隔渣池处理、一般办公生活污水经三级化粪池处理后达广东省《水污染物排放限值》（DB 44/26—2001）第二时段三级级标准要求，通过工业园区污水管网排入前锋污水处理厂集中处理。

（2）废气污染源

① 生产废气　项目产生的生产废气为木料开料、打磨过程产生的粉尘（木屑）以及木料喷涂产生的 VOCs，主要为甲苯、二甲苯、醋酸丁酯。

A. 粉尘　项目木工车间内采用中央集尘系统，所有推台锯、钻孔机、打磨设备底部均设抽风系统，将开料、打磨过程产生的粉尘抽吸，通过管道抽到中央集尘系统的末端旋风除尘系统处理，旋风除尘器的除尘效率可以稳定在 90%以上，经旋风除尘后的尾气通过 15m 排气筒排放，木屑收集处理。经核算，旋风除尘后粉尘的排放速率为 0.208kg/h，浓度为 20.8mg/m^3，远低于广东省《大气污染物排放限值》（DB 44/27—2001）第二时段二级标准（颗粒物≤120mg/m^3）。

B. 挥发性有机物　项目喷漆车间内两条喷漆生产线各设六个喷房，两个喷房进行底漆，一个进行修色，一个进行面漆，其余两个备用，每个喷房后设一晾干房，用于干燥喷漆后的木料。两条生产线的喷房及晾干房用风机抽气经水帘柜吸收后合成一个排气筒，经活性炭吸附装置吸附后排放。

经核算，两条喷漆生产线产生的污染物量见表 5-4，污染物首先经风机抽气经过水帘柜吸收，一般水帘柜吸收效率不低于 30%。考虑到有机废气排放量较大，因此将有机废气再通过活性炭吸附装置吸附处理，活性炭吸附本项目的污染物的去除率可稳定在 85%以上，且投资相对较小，经活性炭吸附处理的废气排放情况如下：

甲苯 0.137kg/h、6.83mg/m³；二甲苯 0.196kg/h、9.80mg/m³；醋酸丁酯 0.088kg/h、4.42mg/m³，低于广东省《家具制造行业挥发性有机化合物排放标准》（DB 44/814—2010）第Ⅱ时段限值（甲苯、二甲苯合计≤20mg/m³）。

表 5-4　项目有组织排放废气源强

编号	废气量/(m³/h)	名称	产生量/(t/a)	处理措施	排放源参数		排放量/(t/a)	排放浓度/(mg/m³)	排放速度/(kg/h)
					高度/m	直径/m			
G1	10000	粉尘	5.00	旋风除尘后15m排气筒排放	15	1.2	0.50	20.8	0.208
G2	20000	甲苯	3.12	水帘处理，活性炭吸附后15m排气筒排放		0.6	0.33	6.83	0.137
		二甲苯	4.48			0.6	0.47	9.80	0.196
		醋酸丁酯	2.02			0.6	0.21	4.41	0.088

此外，在油漆储存、使用（包括家具存放、漆渣暂存等）以及未被抽风机抽吸的有机废气存在无组织排放的情况，项目无组织排放源情况见表 5-5。

表 5-5　项目无组织排放废气源强

污染源位置	污染物	产生量/(t/a)	排放速度/(kg/h)	面源高度/m	面源宽度/m	面源长度/m
喷漆车间	甲苯	1	0.42	8	30	100
	二甲苯	1.4	0.58			
	醋酸丁酯	0.7	0.29			

② 食堂油烟　食堂设有 4 台炉灶，使用液化石油气为燃料。每个炉头使用中产生烟气量为 2500m³/h，每个炉头每天使用 4h，全年工作 300d，该项目食堂产生的油烟废气量为 1.2×10^7 m³/a。

处理前的油烟浓度约为 20mg/m³，油烟的产生量为 0.24t/a，经高效油烟净化器处理后，满足《饮食业油烟排放标准》（GB

18483—2001）要求（≤$2mg/m^3$），油烟排放量约为0.024t/a，经专用烟道引至楼顶排放。

（3）噪声污染源

项目噪声污染源见表5-6。

表5-6 项目主要噪声源强

序号	设备名称	数量/台	声功率级/dB(A)	防护措施
1	空气压缩机	4	95	建空压机房
2	推台锯	8	85	隔声、减振
3	宽带砂光机	5	85	隔声、减振
4	双头砂光机	2	85	隔声、减振
5	钻孔机	2	80	隔声、减振
6	抽风机	5	82	隔声、减振

（4）固体废物污染源

项目固体废物产生情况见表5-7。

表5-7 项目固体废弃物产生情况

序号	名称	分类编号	性状	产生量/(t/a)	含水率	拟采取的处理方式
1	木料边角		固体	200	0	专业厂家回收
2	木屑		固体	4.5	0	专业厂家回收
3	废胶水		半固体	0.5	20%	委托有资质的单位处理
4	废胶水桶		固体	3.5	0	委托有资质的单位处理
5	废油漆渣	HW12	固体	3.0	30%	委托有资质的单位处理
6	废油漆桶	HW12	固体	4.0	0	委托有资质的单位处理
7	废活性炭	HW12	固体	10	0	委托有资质的单位处理
8	生活垃圾		固体	30	40%	环卫部门收集处理

（5）项目主要污染物产生及排放情况汇总

项目主要污染物产生及排放情况见表5-8。

表 5-8　项目主要污染物产生及排放情况

<table>
<tr><th>内容类型</th><th colspan="2">排放源(编号)</th><th>污染物名称</th><th>产生浓度或产生量</th><th>排放浓度或排放总量</th></tr>
<tr><td rowspan="8">大气污染物</td><td rowspan="7">生产车间</td><td>P1</td><td>粉尘</td><td>208mg/m³,5.0t/a</td><td>20.8mg/m³,0.5t/a</td></tr>
<tr><td rowspan="3">P2</td><td>甲苯</td><td>65.0mg/m³,3.12t/a</td><td>6.83mg/m³,0.32t/a</td></tr>
<tr><td>二甲苯</td><td>93.3mg/m³,4.48t/a</td><td>9.80mg/m³,0.47t/a</td></tr>
<tr><td>醋酸丁酯</td><td>42.1mg/m³,2.02t/a</td><td>4.41mg/m³,0.21t/a</td></tr>
<tr><td rowspan="3">无组织排放</td><td>甲苯</td><td>1t</td><td>1t</td></tr>
<tr><td>二甲苯</td><td>1.4t</td><td>1.4t</td></tr>
<tr><td>醋酸丁酯</td><td>0.7t</td><td>0.7t</td></tr>
<tr><td colspan="2">员工食堂</td><td>油烟</td><td>20mg/m³,24t/a</td><td>2mg/m³,0.024t/a</td></tr>
<tr><td rowspan="6">水污染物</td><td colspan="2" rowspan="5">生活污水
5400t/a</td><td>COD</td><td>300mg/L,1.62t/a</td><td>≤60mg/L,0.325t/a</td></tr>
<tr><td>BOD₅</td><td>150mg/L,0.81t/a</td><td>≤30mg/L,0.162t/a</td></tr>
<tr><td>SS</td><td>150mg/L,0.81t/a</td><td>≤30mg/L,0.162t/a</td></tr>
<tr><td>氨氮</td><td>40mg/L,0.216t/a</td><td>≤15mg/L,0.081t/a</td></tr>
<tr><td>植物油</td><td>80mg/L,0.432t/a</td><td>≤15mg/L,0.081t/a</td></tr>
<tr><td colspan="2">水帘喷漆废水</td><td>有机溶剂及COD</td><td>45t/a</td><td>委托有资质的单位处理</td></tr>
<tr><td rowspan="7">固体废物</td><td colspan="2" rowspan="7">工业固体废物</td><td>木料边角</td><td>200</td><td rowspan="7">0</td></tr>
<tr><td>木屑</td><td>4.5</td></tr>
<tr><td>废胶水</td><td>0.5</td></tr>
<tr><td>废胶水桶</td><td>3.5</td></tr>
<tr><td>废油漆渣</td><td>3.0</td></tr>
<tr><td>废油漆桶</td><td>4.0</td></tr>
<tr><td>废活性炭</td><td>10</td></tr>
<tr><td rowspan="6">噪声</td><td colspan="2" rowspan="6">噪声源</td><td>空气压缩机</td><td>95dB(A)</td><td rowspan="6">白天≤60dB(A)
夜间≤50dB(A)</td></tr>
<tr><td>推台锯</td><td>85dB(A)</td></tr>
<tr><td>宽带砂光机</td><td>85dB(A)</td></tr>
<tr><td>双头砂光机</td><td>85dB(A)</td></tr>
<tr><td>钻孔机</td><td>80dB(A)</td></tr>
<tr><td>抽风机</td><td>82dB(A)</td></tr>
</table>

7. 环境保护措施

项目主要污染防治措施见表5-9。

表5-9　项目主要污染防治措施

内容类型	排放源(编号)	污染物名称	防治措施	预期治理效果
大气污染物	P1	粉尘	旋风除尘后15m排气筒排放	满足广东省《大气污染物排放限值》第二时段二级标准
	P2	甲苯	水帘处理,活性炭吸附后15m排气筒排放	满足《家具制造行业挥发性有机化合物排放标准》要求
		二甲苯		
		醋酸丁酯		
	员工厨房	油烟	高效油烟净化装置,由内置烟道引到楼顶天面3m以上排放	满足《饮食业油烟排放标准》(GB 18483—2001)
水污染物	生活污水	COD	接入工业园区污水厂处理	满足广东省《水污染物排放限值》(DB 44/26—2001)第二时段三级排放标准
		BOD_5		
		SS		
		氨氮		
	水帘喷漆废水	委外处理		达标排放
固体废物	工业固体废物	木料边角	由专业厂家回收	处理处置率达到100%零排放,实现安全处置的目标,对项目所在地环境无不良影响
		木屑		
		废胶水	委托有资质的单位处理	
		废胶水桶		
		废油漆渣		
		废油漆桶		
		废活性炭		
	生活垃圾	生活垃圾	由环卫部门集中收集处理	

续表

内容类型	排放源(编号)	污染物名称	防治措施	预期治理效果
噪声	噪声源	空气压缩机	封闭、建空压机房	满足《工业企业厂界环境噪声排放标准》(GB 12348—2008)2类标准
		推台锯	隔声、减振	
		宽带砂光机		
		双头砂光机		
		钻孔机		
		抽风机		

→ 思考与练习

1. 现代木质家具生产工艺主要有哪几个工艺过程？ 各产生什么污染物？

2. 木质家具厂 VOCs 主要来源于哪些生产环节？

3. 现代家具生产企业中，有哪些主要的 VOCs 治理措施？

4. 为了开展本案例中的污染源分析工作，需要向建设单位搜集哪些基础资料和数据？

案例六　鞋用胶黏剂生产项目污染源分析案例

一、行业背景

1. 精细化工产业

目前精细化工已成为世界化学工业发展的战略重点之一。2010年，全球精细化工产品的市场增长率达到6%，近年来亚洲新兴市场的增长率更是不断提高，这无疑给亚洲国家尤其是中国带来巨大的发展机遇。

随着中国经济发展水平的提高，精细化工取得长足进步，部分产品居世界领先地位。中国精细化工的快速发展，不仅基本满足了国内经济发展的需要，精细化工产品已被广泛应用到国民经济的各个领域和人民日常生活中，而且部分精细化工产品，还具有一定的国际竞争能力，成为世界上重要的精细化工原料及中间体的加工地与出口地。

精细化工是化工产业的重要组成部分，是根据产品性能销售的化学品。精细化工分为传统和新领域两部分。传统精细化工主要包含医药、染料、涂料和农药等；新领域精细化工包括食品添加剂、饲料添加剂、电子化学品、造纸化学品、水处理剂、塑料助剂、皮革化学品等，国外将新领域精细化工称为专用化学品。精细化工率的高低已成为衡量一个国家或地区化工发展水平的主要标志之一。

在传统精细化工行业之外，新兴精细化学品正受到越来越多的关注。我国新兴精细化学品市场起步于改革开放之后，在某种程度上，没有该产业的发展就没有现代制造业和现代化的生活。随着我国的消费结构和经济增长模式由数量型向质量型转变，新兴精细化学品将有更大的发展空间。

根据中国石油和化学工业规划院的初步规划，“十二五”期间是石化行业的产业转型期——大部分传统化工品面临调整，化工行业洗牌难免，精细化工产品将是石化行业下一阶段发展的重点和热点。根据规划，到 2015 年，我国精细化工产值将达 16000 亿元，精细化工自给率达到 80%以上，进入世界精细化工大国与强国之列。

2. 鞋用胶黏剂组成

胶黏剂通常为多组分配合物，主要成分为胶料或称黏料，其次有稀释剂、固化剂、偶联剂、增塑剂、增黏剂、填料、防老剂等。

① 胶料是胶黏剂的主要成分，要求有良好的黏附性和润湿性。作为胶料的物质有合成树脂、合成橡胶、天然高分子、无机化合物等。

② 稀释剂是用来降低胶黏剂黏度和固体成分浓度的液体物质。稀释剂分活性稀释和非活性稀释剂两类。活性稀释剂的分子端基含有活性基团，能参加固化反应；非活性稀释剂，大部分为惰性溶剂，不参与固化反应，仅起稀释作用，涂胶后挥发掉，如甲苯、丙酮、二甲苯等。

③ 固化剂，通过化学反应使胶黏剂形成不溶坚固胶层（即发生固化）的化学物质。

④ 增黏剂，增加胶膜黏性或扩展胶黏剂黏性范围的物质，大部分是低分子树脂。

⑤ 其他助剂。为改善胶黏剂的某一性能，有时还加入一些特定的添加剂。

3. 鞋用胶黏剂行业产业政策

目前我国制鞋工业中 95%使用氯丁胶黏剂，聚氨酯用量较少。氯丁胶黏剂具有初黏性好、可冷粘、价格便宜等优点，但其不耐增塑剂渗透，对软PVC、热塑性橡胶、PU革等新型鞋用材料粘接性差，此外必须应用的苯类为有毒溶剂，这是致命的弱点，已不适应制鞋工业发展的要求。国外的趋势是逐渐被聚氨酯胶黏剂所代替。目前欧、美80%～90%的鞋用胶已为聚氨酯胶黏剂所占领。国内也必然是这样趋势。

随着全球性环境保护意识的提高和制鞋业“三苯”严重污染和毒害问题的日益加深，鞋用胶黏剂向无“三苯”或不含有机溶剂的环保型胶黏剂发展，降低对人体和环境的危害。

2004年6月1日起我国实施的《鞋和箱包用胶黏剂》（GB 19340—2003）强制性标准，对鞋和箱包用黏合剂制品中有害化学物质限量作了规定。依据《鞋和箱包用胶黏剂》（GB 19340—2003）关于鞋和箱包胶黏剂有害物质限量标准判定，对胶黏剂苯含量高于5g/kg、甲苯＋二甲苯高于200g/kg、正己烷高于150g/kg、三氯乙烯高于50g/kg判定为有害化学物超标产品。

2005年11月发布的《环境标志产品技术要求　胶黏剂》（HJ/T 220—2005）对鞋和箱包胶黏剂和处理剂环境标志产品提出了更高的要求。

“十二五”期间我国胶黏剂的发展目标包括淘汰部分产能落后和有毒有害物质含量高的产品，限制溶剂类通用型胶黏剂的发展，大力发展水基型、热熔型等环境友好型胶黏剂，大力发展高新技术产品。

根据《产业结构调整指导目录（2011年）》，胶黏剂行业中“改扩建溶剂型氯丁橡胶类、丁苯热塑性橡胶类、聚氨酯类和聚丙烯酸类等通用型胶黏剂生产装置”被列为限制类新增条目。

4. 常用鞋用胶黏剂产品

(1) 聚氨酯胶黏剂

聚氨酯（PU）胶黏剂是指在分子链中含有氨基甲酸酯基团（—NHCOO—）或异氰酸酯基（—NCO）的胶黏剂，有着优良的化学粘接力，具有韧性可调节、粘接工艺简便、极佳的耐低温性能以及优良的稳定性等特性，近年来，在国内外成为发展最快的胶黏剂之一。

聚氨酯胶黏剂中游离异氰酸酯单体具有较大的毒性。可采用端羟基多元环氧化合物与端异氰酸酯基聚氨酯预聚物制得环氧基聚氨，再与多胺化合物配制成聚氨酯胶黏剂，该胶黏剂兼具环氧树脂和聚氨酯的优异性能，而且几乎不含游离异氰酸酯单体，固体分含量高。聚氨酯胶黏剂正朝着水性和无溶剂的环保绿色胶黏剂方向发展。

(2) 水性聚氨酯胶黏剂

水基或水性聚氨酯胶黏剂是指聚氨溶于水或分散于水中而形成的胶黏剂。虽然水基型聚氨酯胶黏剂的某些性能与溶剂型 PU 还存在一定差距，但具有无毒、不易燃烧、不污染环境、节能、安全可靠、不易损伤被涂饰表面、适用于易被有机溶剂侵蚀的材料、易操作和改性等优点，使得它在织物、皮革涂饰及木材胶黏剂等许多领域得到了广泛的应用，正在逐步代替溶剂型 PU。

(3) 氯丁胶（CR）胶黏剂

氯丁胶问世至今已有 60 余年的历史，因其性能优异、用途广泛、价格较廉，一直盛销不衰，尚无其他胶黏剂能够完全取代，仍有很大发展潜力。传统的氯丁胶溶剂型所占比例最大，溶剂含量最高，苯类溶剂用得最多，对健康和环境危害最重。随着人们环境保护意识的不断增强和国家环境保护法规的日趋完善，有毒有害的溶剂型氯丁胶已受到一定限制。

(4) 橡胶接枝型（GCR）胶黏剂

SBS 黏合剂的初始粘接力差，耐屈服和耐疲劳性相对较差，使其应用受到相当的限制。为了克服上述缺点，通常采用接枝聚合的方法，即在合成橡胶 SBS（或氯丁橡胶 CR）主链上接枝甲基丙烯酸甲酯（MMA）。SBS 接枝甲基丙烯酸甲酯后，能改善 SBS 黏合剂的浸润性能，提高 SBS 黏合剂的初始粘接强度。

溶剂型胶黏剂有其独特之处，在短期内尚不可能全部取消，但水分散型等无溶剂型换代产品和技术是目前研究与开发的主流。

二、案例分析

1. 项目概况

（1）建设内容

项目位于 A 市 B 工业区 32-2 号地（属于工业园化工专区），主要从事鞋用胶黏剂生产，产量为 12000t/a。

项目主要的建筑物包括甲类生产车间 2 座、甲类仓库 3 座，丙类仓库 1 座，储罐区储罐 6 个（2 个为预留），办公楼 1 座，消防水池，配电房、泵房、保安室、停车场等附属设施。

项目建成投产后有员工 60 人，员工不在厂内食宿，工作实行一班制，每班 12h，年生产天数为 330d。

（2）储运工程

原辅材料储罐区位于项目西北角，罐区主要储存溶剂。计划布置 6 个储罐（$6\times60m^3=360m^3$，其中两个预留）。

2. 工艺流程及产污环节

（1）PU 合成（聚氨酯）生产工艺

这种胶黏剂是由异氰酸酯与含羟基化合物（如聚酯）反应生成端羟基式端异氰酸酯基（一般呈端异氰酸酯基）的聚氨酯预聚体，既可形成单组分潮气固化型的胶黏剂，也可制成双组分反应型胶黏剂。

二异氰酸酯与多元醇反应有鲜明的特点：二异氰酸酯与多元醇反应形成高聚物的过程，称为逐步聚合或加成聚合。在此反应中，一个分子中的活性氢原子转移到另一个分子中去。与普通缩聚反应不同之处是没有副产物分离出来（例如酯化反应有水生成），因而在反应过程中不需要抽除副产物以促使平衡的转移。

工艺过程：在装有温度计和搅拌器的反应槽中，投入溶剂和聚酯多元醇，开动搅拌，使反应物混合均匀。然后在搅拌下，一次加入所需量的异氰酸酯。此时反应物黏度迅速增大，温度上升。当反应物黏度不再上升时，停止搅拌，加入溶剂，调节固含量。

（2）水性 PU 合成（水性聚氨酯）生产工艺

合成水基聚氨酯的原料包括一般聚氨酯合成所需的多种原料，如构成聚氨酯软段的聚多元醇、构成硬段的异氰酸酯类、扩链剂以及交联剂等之外，还包括使聚氨酯可在水中易于分散或乳化的亲水性单体或试剂。水性 PU 的制备一般包括两个主要步骤。

① 形成高分子量的 PU 或中高分子量的 PU 预聚体。

② 乳化。外乳化法是在适当的外乳化剂和剪切力下使预聚体在水中分散或乳化；自乳化法是在 PU 结构中引入离子基团或亲水链段，使其实现自乳化。

（3）接枝型胶黏剂（药水/活化胶）工艺

反应机理：橡胶（R）与单体（M）接枝共聚系按自由基连锁反应历程进行。引发剂（B）分解产生活性自由基（I˙）：B ⟶ 2I˙ I˙ 引发单体形成单体自由基（M˙）：I˙ ＋M ⟶ M˙ ＋IM˙ 继续进攻其他单体形成单体增长链自由基（P˙）：M˙ ＋M ⟶ P˙ I˙ 进攻橡胶形成橡胶主链自由基（R˙）：I˙ ＋R ⟶ R˙ ＋IP˙ 向橡胶转移形成（R˙）：P˙ ＋R ⟶ R˙ ＋P 单体在 R˙ 上增长形成接枝橡胶（R-P）：M＋R˙ ⟶ R-PR˙、P˙ 自聚或共聚产生链终止反应 R˙ ＋P˙ ⟶ R-P　R˙ ＋R˙ ⟶ R-RP˙ ＋P˙ ⟶ P-P。

接枝聚合工艺采用自由基接枝溶液聚合。在电动搅拌下，将合成橡胶 SBS 或氯丁橡胶 CR 溶于有合适溶剂的反应槽中，搅拌溶解，混合均匀，加入溶有引发剂的单体如 MMA（甲基丙烯酸甲酯），升温，在规定的温度下进行接枝聚合反应，达到一定的转化率，结束反应，然后降温出料，制得接枝黏合剂。

（4）氯丁橡胶（黄胶，又称万能胶）胶黏剂生产工艺

溶剂型氯丁胶黏剂的制备方法是将氯丁橡胶先在炼胶机上塑炼，紧接着按配方顺序加入配合剂，将混炼好的胶料切碎投入配好的混合溶剂中，搅拌溶解即成，若加入树脂组分，需将树脂另行溶

解，然后混合橡胶溶液中进行搅拌。按要求限制甲苯用量，其余要用丁酮、丙酮、醋酸乙酯、溶剂汽油等。

（5）各种处理剂、助黏剂、硬化剂生产工艺

将不同配比的溶剂和助剂分别加入，溶解后即可包装。使用的溶剂包括甲苯、丁酮、乙酸乙酯、甲基环己烷、丙酮、碳酸二甲酯和DMF等。如EVA处理剂主要成分为甲苯（占70%～85%），丁酮占5%～15%，再配上其他溶剂；RB处理剂主要成分为丙酮（占50%～60%），再配以其他溶剂。

本项目生产工艺主要是把各种原料和溶剂按比例配置后加入反应槽，固体物料喂料方式以人工或叉车从投料口投入，搅拌均匀后加热至所需温度（热能由电加热提供），反应混合至规定时间，加入溶剂等进行调整，装罐后得到成品。操作过程均在常压下进行。项目工艺流程及产污环节见图6-1。

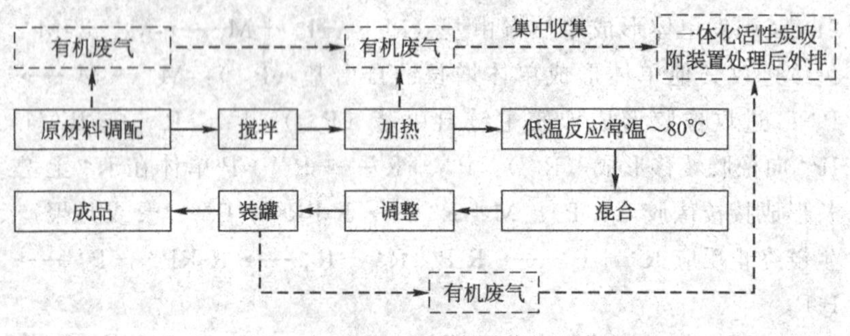

图6-1 项目工艺流程及产污环节

① 废气：主要来自工艺过程排放的有机废气（甲苯及非甲烷总烃等），由于部分物料自身的气味，将产生一定的恶臭和异味。

② 废水：工艺过程中不产生工艺性废水，少量的设备清洗废液及实验室废水属有机废液，主要污染物为有机溶剂，该部分的量约0.4t/d，交由有资质的单位进行回收处置，不外排。

③ 噪声：项目在生产过程噪声源主要来自各类机械发出的噪声，如反应槽、各类泵和压缩机等机械设备。其源强可达60～85dB(A)。

④ 固体废物：项目生产原料都进入产品中，没有工艺性固体废物产生。生产线上的固体废物主要是原料包装材料、铁桶等。

⑤ 其他：柴油发电机的废气；储罐区无组织排放气体；办公生活的废水、废气和生活垃圾等。

3. 生产设备及连接方式

项目生产设备见表 6-1，连接方式见图 6-2。

表 6-1　项目主要工艺设备情况

设备名称名称	型号、规格	数量	工程内容
聚氨酯聚合反应槽(PU 反应槽)	5T	2	聚氨酯聚合反应
聚氨酯聚合反应槽(PU 反应槽)	3T	3	聚氨酯聚合反应
聚氨酯调配槽(PU 调配槽)	12T	1	聚氨酯黏剂调合
药水胶接枝反应槽(药水反应槽)	3T	3	橡胶/MMA 接枝反应
黄胶反应槽	3T	1	CR(橡胶)溶解与增黏反应
处理剂反应槽	2T	4	溶解与混合反应
水性 PU 反应槽	3T、6T	1 组	水性聚氨酯聚合反应
水性 PU 调配槽	6T	1 组	水性聚氨酯黏剂调合
水性 PU 乳化槽	6T	1 组	水性聚氨酯黏剂乳化
水性 PU 真空槽一组	6T	1 组	
高速搅拌机		3 组	
滚筒式捏炼机		1 台	
压缩机	1T 以下		
自动包装机		15 套	
防爆马达	7.5kW/3kW/1.5kW	15 套	
发电机	250kW	1	消防备用
叉车	2.5t	2	搬运
储罐	$60m^3$	4/4	甲苯/丁酮/丙酮/甲基环己烷
软水系统	约 $1m^3/h$	1 套	

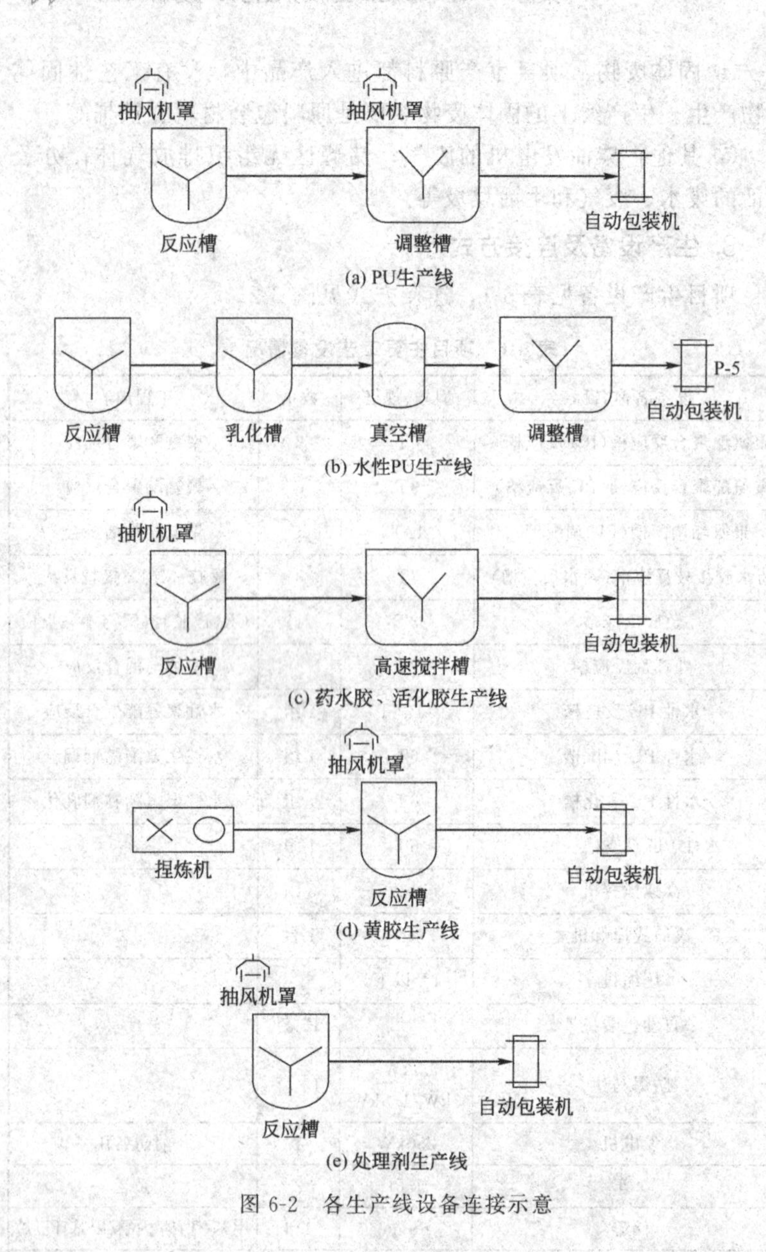

图 6-2 各生产线设备连接示意

4. 原辅材料消耗

本项目使用多种化学药品、溶剂。按标准要求限制甲苯用量，主要溶剂为丁酮、丙酮、甲基环己烷等。碳酸二甲酯（简称 DMC）是近年来受到国内外广泛关注的环保型绿色化工产品，DMC 可以替代部分的丙酮、丁酮、醋酸乙酯，用于接枝胶、聚氨酯胶的生产。碳酸二甲酯作为一种新型的低毒溶剂在油漆、胶黏剂等行业在国内市场已经成熟应用并实现工业化。

本项目原、辅材料使用量见表 6-2。

表 6-2 项目主要原材料及用量

<table>
<tr><th>序号</th><th>名称</th><th>数量</th><th>单位</th><th colspan="2">储存位置</th></tr>
<tr><td>1</td><td>甲苯</td><td>2800</td><td>t/a</td><td rowspan="4">储罐区</td><td>60t 储罐</td></tr>
<tr><td>2</td><td>丁酮</td><td>3600</td><td>t/a</td><td>60t 储罐</td></tr>
<tr><td>3</td><td>丙酮</td><td>770</td><td>t/a</td><td>60t 储罐</td></tr>
<tr><td>4</td><td>甲基环己烷</td><td>1000</td><td>t/a</td><td>60t 储罐</td></tr>
<tr><td>5</td><td>氯丁橡胶(CR)</td><td>200</td><td>t/a</td><td colspan="2" rowspan="6">丙类仓库</td></tr>
<tr><td>6</td><td>聚酯多元醇</td><td>1400</td><td>t/a</td></tr>
<tr><td>7</td><td>树脂</td><td>300</td><td>t/a</td></tr>
<tr><td>8</td><td>合成橡胶(SBS)</td><td>200</td><td>t/a</td></tr>
<tr><td>9</td><td>助剂(包括抗氧化剂、防老剂、紫外吸收剂等)</td><td>50</td><td>t/a</td></tr>
<tr><td>10</td><td>包装材料</td><td colspan="2">铁罐、PE 罐、纸箱等</td></tr>
<tr><td>11</td><td>天那水(含乙酸乙酯、醋酸丁酯等)</td><td>700</td><td>t/a</td><td colspan="2" rowspan="8">甲类溶剂仓(一)</td></tr>
<tr><td>12</td><td>碳酸二甲酯(DMC)</td><td>400</td><td>t/a</td></tr>
<tr><td>13</td><td>二甲基甲酰胺(DMF)</td><td>60</td><td>t/a</td></tr>
<tr><td>14</td><td>异氰酸酯</td><td>50</td><td>t/a</td></tr>
<tr><td>15</td><td>白电油</td><td>20</td><td>t/a</td></tr>
<tr><td>16</td><td>聚氨酯溶液</td><td>100</td><td>t/a</td></tr>
<tr><td>17</td><td>甲基丙烯酸甲酯(MMA)</td><td>30</td><td>t/a</td></tr>
<tr><td>18</td><td>甲基异丁基甲酮(MIBK)</td><td>15</td><td>t/a</td></tr>
<tr><td>19</td><td>引发剂(过氧化物 BPO)</td><td>0.20</td><td>t/a</td><td colspan="2">甲类成品仓</td></tr>
</table>

（1）物料平衡分析

根据建设单位提供资料，本项目原料均在反应槽内进行反应，然后出料包装。固体物料通过投料口加入，液体经管道加入，产出率大于99.5%。主要的物料损失是有机溶剂的挥发和设备清洗的损耗。

项目总物料平衡见表6-3。

表6-3　全年生产物料平衡表

投入		产出		
原材料	数量/t	产物		数量/t
甲苯	2800	产品	PU胶黏剂	4000
丁酮	3600		水性PU胶	1000
丙酮	770		接枝胶	2000
甲基环己烷	1000		黄胶	1000
氯丁橡胶(CR)	200		处理剂	4000
聚酯多元醇	1400	车间有机废气		11.24
树脂	300	罐区有机废气		0.44
合成橡胶(SBS)	200	设备清洗等有机废液		12
助剂	50	实验室废水		132
天那水(含乙酸乙酯、醋酸丁酯等)	700	水损耗		10
碳酸二甲酯	400	包装物上黏附损失及物料投料时散失		1.52
二甲基甲酰胺(DMF)	60			
异氰酸酯	50			
聚氨酯溶液	100			
甲基丙烯酸甲酯(MMA)	30			
甲基异丁基甲酮(MIBK)	15			
引发剂(过氧化物BPO)	0.20			
水性PU胶生产用水	330			
实验室用水	142			
Σ投入	12167.2	Σ产出		12167.2

（2）水平衡分析

项目生产过程中只有少量的工艺设备清洗废液及实验室废水，该部分的量约为0.4t/d，含有机溶剂，交由有资质的单位进行处理，不外排。生活污水经污水管网最终进入园区污水处理厂进行处理。

全厂水平衡分析见图6-3。

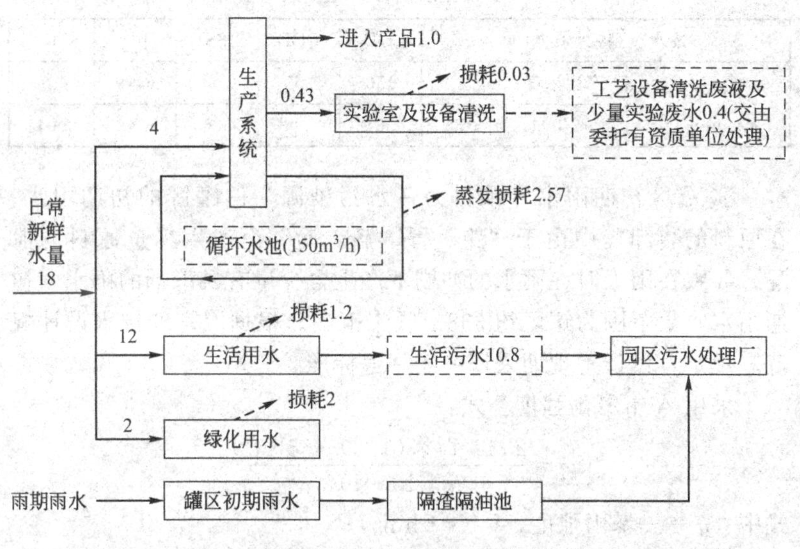

图6-3　项目厂区水量平衡图（单位：t/d）

5. 污染源分析

（1）废水污染源分析

① 生产废水　本项目反应均在反应槽中进行，然后出料包装，反应生成的水等均进入产品，工艺过程不产生工艺废水。根据建设项目提供的资料，项目在设备的清洗及实验方面会产生少量的有机废液和有机废水。设备清洗需用有机溶剂，使用量约12t/a。废水部分的量约为0.4t/d（132t/a）。清洗废液和实验室废水主要含甲苯等有机溶剂，委托有资料的单位进行回收处理，不外排。项目生

产过程废水可实现零排放。

② 生活污水　企业拟用员工 60 人。员工不在厂内食宿，人均生活用水量按 0.08t/(人·d) 计，员工生活用水量为 4.8m³/d；污水排放量按用水量的 90%计，生活污水排放量约为 4.32m³/d。生活污水的主要污染物为 BOD_5、COD、SS 和氨氮，污染物浓度不高，可生化性好。生活污水具体产污情况见表 6-4。

表 6-4　项目生活污水产生情况一览表

废水类型(污染物)		BOD_5	COD	SS	pH	NH_3-N
生活污水/(4.32m³/d)	产生浓度/(mg/L)	150	250	200	6～9	10
	产生量/(kg/d)	0.648	1.08	0.864	6～9	0.043

③ 罐区初期雨水　项目另一水污染源为储罐区的初期雨水，在原料的装卸程中由于"跑、冒、滴、漏"而产生少量原料的泄漏，导致在雨天时在雨水的冲刷下产生含少量有机溶剂的雨水。初期雨水收集范围为罐区约 338m² 收集范围。根据《室外排水设计规范》规定，设计重现期采用一年一遇标准。

采用 A 市暴雨强度公式：

$$q=\frac{2532.71\times(1+0.463\lg P)}{(t+10.01)^{0.675}}$$

式中　q——暴雨强度，L/(s·hm²)；

P——重现期；

t——降雨历时（取 15min）。

雨量公式：

$$Q=\Psi fq$$

式中　Q——降雨量；

q——由暴雨强度公式计算得 288.3L/(s·hm²)；

Ψ——径流系数（取 0.7）；

f——汇水面积（罐区面积 338m²）。

根据上式计算，计算初期雨水每次收集量约为 6.14t。

罐区初期雨水是偶尔发生，甲苯微溶于水主要浮在水面，初期雨水中含有机溶剂的量不大。污水经隔渣隔油等初步处理后排到市政管道再进入园区污水处理厂集中处理。

④ 废水排放汇总　项目建成投产后没有工艺废水排放，生活污水纳入园区污水处理厂进行集中处理，经处理达标后的尾水排入白岭涌，并最终排入九曲河。项目水污染物排放情况见表6-5。

表6-5　项目水污染物排放情况

污水产生量/(t/d)	主要污染物	污染物浓度/(mg/L)	污染物			处理后水质浓度/(mg/L)	达标污水排放量/(t/d)
			产生量/(kg/d)	去除量/(kg/d)	外排量/(kg/d)		
生活污水4.32	COD	250	1.08	0.799	0.281	≤65	生活污水4.32
	BOD_5	150	0.648	0.588	0.060	≤14	
	SS	200	0.864	0.605	0.259	≤60	
	氨氮	15	0.043	0.008	0.035	≤8	
	pH	6～9	—	—	—	6～9	

注：处理后污水排放浓度参考“××工业园污水处理厂环境影响报告书”。

(2) 废气污染源分析

① 工艺有机废气　项目使用大量有机溶剂如甲苯、丁酮、丙酮、天那水等。其中以甲苯毒性较大。甲苯易挥发，在环境中比较稳定，不易发生反应。

生产车间各条生产线若都是在正常状况下生产是不会有大量气体排放，但根据类似的厂家调查，完全做到封闭操作还存在一定的困难。项目在配料、调整等过程中，由于不可能实现完全密封，有机废气将挥发散失到空气中，该部分废气主要含甲苯、非甲烷总烃、酮类等有机废气。根据同类企业数据，车间物料挥发量约为原料0.12%，经估算，挥发到大气中的有机物总量约为11.24t/a(由于部分酮类、醇类等有机废气没有评价标准，本评价把所有挥发的有机废气按非甲烷总烃进行评价)，其中甲苯挥发量按0.15%计算，则甲苯失散量约为4.2t/a。

生产车间生产线在溶剂类产品反应槽和调整槽进料口设置集气

系统和排气管道。集气系统废气收集率为98%，集气系统风量约为20000m^3/h，生产时间为3960h/a。有机废气通过一体化活性炭吸附装置集中处理，收集的有机废气平均去除率可达90%以上。甲苯废气产生浓度为52.0mg/m^3，非甲烷总烃为139mg/m^3，经活性炭吸附装置处理后外排。外排的废气中甲苯约为5.20mg/m^3，0.104kg/h（0.412t/a）；非甲烷总烃约为13.9mg/m^3，0.278kg/h（1.101t/a）。同类企业广州福邦树脂有限公司2003年7月份的监测数据显示，生产车间的甲苯排放浓度为9.85mg/m^3。参考此数据，可认为本项目甲苯排放估算结果是可信的。

生产车间集气系统集气效率约为98%，即2%的有机物为无组织排放。甲苯无组织排放量约为0.021kg/h（0.084t/a）；非甲烷总烃无组织排放量约为0.057kg/h(0.225t/a)。

生产车间有机废气污染源情况见表6-6。

表6-6 生产车间有机废气污染源情况

污染物名称	产生状况		排放情况		DB 44/27—2001		排放参数		
	浓度/(mg/m^3)	产生量/(kg/h)	浓度/(mg/m^3)	排放量/(kg/h)	达标浓度/(mg/m^3)	达标量/(kg/h)	排放高度/m	风量/(m^3/h)	温度/℃
甲苯	52	1.04	5.20	0.104	≤40	≤2.5	15	20000	30
非甲烷总烃	139	2.78	13.9	0.278	≤120	≤8.4			
甲苯	—	0.021	—	0.021	—	—	无组织排放		
非甲烷总烃	—	0.057	—	0.057	—	—			

② 恶臭污染　有机化工系列产品，有一定的挥发物质，部分物料有刺激性气味，如丁酮、丙酮有芳香气味，二甲基甲酰胺有微弱的特殊臭味，甲基丙烯酸甲酯有辣味等，个别人可能有皮肤、呼吸道过敏反应，在做好自我保护，通风良好的情况下，一般不会发生累积中毒的情况。

无组织排放恶臭气体目前尚无成熟的定量计算源强方法，根据类似企业监测结果，车间管理良好的项目工作场所异味较轻，并且本项目部分恶臭随有机废气被活性炭吸附而减少。因此，本项目恶臭排放符合《恶臭污染物排放标准》(GB 14554—93) 二级标准 (臭气浓度满足恶臭污染物厂界标准值 20)。

③ 储罐区无组织排放废气　本项目储罐区共有 6 个储罐，储罐规格均为 60m³ (本项目储罐单项物料最大储存量为 40t)。储罐区将采用地埋式储罐储存甲苯、丁酮、丙酮和甲基环己烷 4 种溶剂。为方便物料周转，设两个储罐作为预留使用。

根据化学品储存企业的运营情况，可采用固定顶、全地埋式卧罐，工作压力为常压。

本项目营运过程中各储罐储存介质固定，不进行倒罐操作，因此储罐不需要进行清洗。本项目储罐装液口位于储罐顶部，抽油口位于储罐侧底部。

A. 大呼吸废气　所谓大呼吸废气是指化学品储罐在装液时，通过储罐呼吸阀，由于储罐内蒸气压增大，储罐中的化学品蒸气通过储罐呼吸阀释放到大气中；以及化学品储罐卸液时，外界空气的进入使罐内原有蒸气压降低，为平衡蒸气压，蒸气从液相中蒸发，致使化学品液面上的气体达到新的饱和蒸气压，而导致蒸气挥发进入到大气中。

有机原料储罐所装物料具有较强的挥发性，采用特殊的进出料工艺设计 (油气回收装置)，使进料和出料时排放的废气得以收集处理，基本消除了有机溶剂储罐区化学原料在装卸过程中的无组织排放现象。

当进料时，储罐呼吸口阀门关闭，槽罐车卸料管和槽罐的进料口连接 (采用快速活接)，开启放料阀和软管控制阀，放入料液；同时储罐上方的软管和槽罐车上部的管口采用快速活接连接，使槽罐车和储罐形成一个密闭系统，用于平衡槽罐车和储罐之间的压力变化，同时回收储罐进料大呼吸产生的有机挥发气体，可使进料时大呼吸的无组织排放量减少 95%以上，且卸料能顺利进行。

储罐设计示意图可见图 6-4。

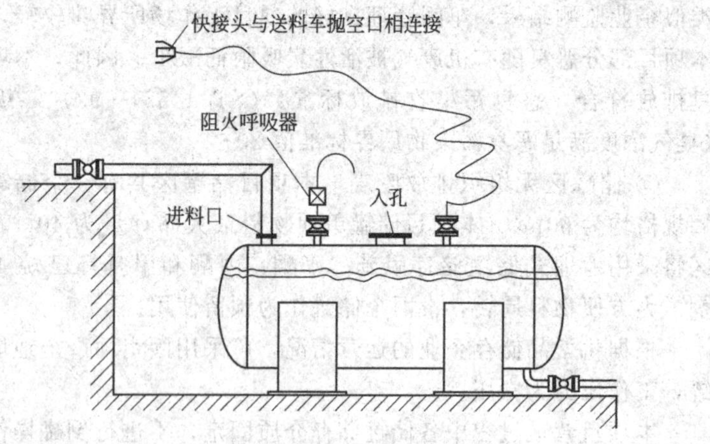

图 6-4 储罐设计示意图

B. 小呼吸废气 小呼吸废气是指储罐静止储存时的排放的废气。静止储存时，储罐温度昼夜有规律地变化，白天温度升高，热量使化学品蒸气膨胀而造成挥发，晚间温度降低，吸入新鲜空气，为平衡蒸气压，蒸气从液相中蒸发，致使化学品液面上的气体达到新的饱和蒸气压，造成蒸气的挥发，上述过程昼夜交替进行，形成了称为"小呼吸"的废气排放。

C. 化学品蒸气排放量计算 小呼吸排放量（以固定顶罐进行估算）：

$$L_B = 0.191 \cdot M \cdot \left(\frac{p}{100910 - p}\right)^{0.68} \cdot D^{1.73} \cdot H^{0.51} \cdot \Delta T^{0.45} \cdot F_P \cdot C \cdot K_C \cdot \eta_1 \cdot \eta_2$$

式中 L_B——储罐的呼吸排放量，kg/a；

M——储罐内蒸气的分子量；

p——在大量液体状态下真实的蒸气压力，Pa；

D——罐的直径，m；

H——平均蒸气空间高度，m；

ΔT——一天之内的平均温度差，℃；

F_P——涂层因子（无量纲），根据油漆状况取值在 1～1.5

之间；

C——用于小直径罐的调节因子（无量纲）；对于直径在0～9m之间的罐体，$C=1-0.0123\times(D-9)^2$；罐径大于9m的$C=1$；

K_C——产品因子（石油原油K_C取0.65，其他的有机液体取1.0）；

η_1——内浮顶储罐取0.05，拱顶罐1；

η_2——设置呼吸阀取0.7，不设呼吸阀取1。

大呼吸排放量

$$L_w=4.188\times10^{-7}\cdot M\cdot p\cdot K_N\cdot K_C\cdot\eta_1\cdot\eta_2$$

式中　L_W——储罐的工作损失（$kg/m^3_{投入量}$）；

K_N——周转因子（无量纲），取值按年周转次数（$K=$年投入量/罐容量）。

当$K\leqslant36$，K_N按1.0确定；当$36<K\leqslant220$，$K_N=11.467\times K^{-0.7026}$；当$K>220$，$K_N\approx0.26$；其他同上。

表6-7为储罐大小呼吸计算参数。

表6-7　储罐大小呼吸计算参数

品种	M	P	D	H	ΔT	F_P	C	K_C	K_N	η_1	η_2
甲苯	92	4890	4	1.5	9	1	0.6925	1	0.58	1	0.7
丁酮	72	9490	4	1.5	9	1	0.6925	1	0.54	1	0.7
丙酮	58	53320	4	1.5	9	1	0.6925	1	1	1	0.7
甲基环己烷	98	5330	4	1.5	9	1	0.6925	1	1	1	0.7

没有采取措施前，罐区主要污染源产生情况见表6-8。

进出料采用油气回收装置后大呼吸的无组织排放量减少95%，罐区主要污染源排放情况见表6-9。

④ 柴油发电机废气　项目设置1台250kW备用柴油发电机，发电机房单独设置，发电机尾气由专用内置排气筒引上天面排放。柴油发电机组采用含硫率小于0.2%的优质轻柴油，由于发电机是为了确保消防设备和其他重要负荷的用电，因此使用率极小，估计

表 6-8 项目罐区化学品蒸气产生情况估计量

序号	储存物质	大呼吸 L_W 排放量/(t/a)	小呼吸 L_B 排放量/(t/a)	合计/(t/a)
1	甲苯	0.246	0.041	0.287
2	丁酮	0.486	0.052	0.538
3	丙酮	0.872	0.211	1.083
4	甲基环己烷	0.191	0.046	0.237
5	总计	1.795	0.35	2.145

表 6-9 项目罐区化学品蒸气排放估计量

序号	储存物质	大呼吸 L_W 排放量/(t/a)	小呼吸 L_B 排放量/(t/a)	合计/(t/a)
1	甲苯	0.0123	0.041	0.0533
2	丁酮	0.0243	0.052	0.0763
3	丙酮	0.0436	0.211	0.2546
4	甲基环己烷	0.00955	0.046	0.05555
5	总计	0.08975	0.35	0.43975

发电机全年耗油仅为 2.4t，SO_2 的排放系数为 4kg/t 油，NO_x 的排放系数为 11kg/t 油，所以 SO_2 排放量为 9.6kg/a，NO_x 排放量为 26.4kg/a。

(3) 噪声污染源分析

项目建成后，噪声源主要来自各类机械发出的噪声，如反应槽、各类泵、压缩机等机械设备，各声源的噪声源强见表 6-10。

表 6-10 项目主要噪声源及源强

序号	噪声源	源强/dB(A)
1	反应槽	60～65
2	风机	70～85
3	泵	70～85
4	压缩机	80～85

(4) 固体废弃物污染源分析

项目生产线上产生的次品可以回收重新利用到生产线上，因此没有废渣产生。项目建成投产后产生的固体废物主要包括设备清洗、实验室废液；包装废弃物、废活性炭和生活垃圾。

① 设备的清洗主要使用有机溶剂。为节约原料，减少污染，清洁过程中溶剂一般循环多次使用，使用量约为12t/a。

另实验室定期排放一定量的实验废液，平均计算约0.4t/d(合132t/a)。设备清洗废液和实验室废液均含大量有机溶剂，属于《国家危险废物名录》编号HW06类别的有机溶剂废物（配制和使用过程中产生的含有机溶剂的废物），编号HW42类别废有机溶剂（生产、配制和使用过程中产生的废溶剂和残余物）。

有机废液和含有机溶剂的废水分类收集，用塑料桶进行储存，在甲类溶剂仓库里设定危险品暂存区，定期用汽车外送具备危险废物处置资质的单位进行处理。

② 包装废料。主要为原材料使用所产生的塑料袋或瓶子、铁桶等。这部分废物由于上面粘有化学药剂等，随意丢弃对环境影响较大。包装材料产生量约为50kg/月（0.6t/a）；大桶铁桶可由厂家回收循环使用，产生的桶中有100～200个循环使用，报废量约为0.22t/a；小桶每月产生量为3000个，约36t/a，可集中收集后退回给原料供应商处理或委托有资质单位进行处理。由于包装物料上多粘有机溶剂等物质，因此，也属于编号HW06类别的有机溶剂废物，当供应商不回收处理时，交由具备危险废物处置资质的单位处理。

③ 废活性炭。废气处理系统将产生失效的活性炭，活性炭吸附了有机溶剂废气，也属于危险废物，代号为HW06。根据研究，活性炭对不同种类有机废气饱和吸附量范围为220～320mg/g，按有机废气产生情况估算本项目需使用活性炭35t/a。活性炭吸附有机废气后产生的废活性炭约为45t/a。

④ 员工办公生活垃圾，生活固体废物按0.5kg/(人·d)计。

年产量约为9.9t/a。其主要成分为果皮、碎玻璃或玻璃瓶、塑料、废纸、饮料罐、破布、废纤维、废金属等。

表6-11为项目固体废物产生情况。

表6-11 项目固体废物产生情况

<table>
<tr><th>序号</th><th>废渣名称</th><th>成分</th><th>编号</th><th>产生量/(t/a)</th><th>处置量/(t/a)</th><th colspan="2">处置方法</th></tr>
<tr><td>1</td><td>设备清洗废有机溶剂</td><td>废有机溶剂</td><td>HW42</td><td>12</td><td>12</td><td rowspan="2">交有资质单位处理</td><td rowspan="4">危险废物共225.82t/a</td></tr>
<tr><td>2</td><td>实验室废液</td><td>含有机溶剂废液</td><td>HW06</td><td>132</td><td>132</td></tr>
<tr><td>3</td><td>废弃包装材料</td><td>粘有有机溶剂的桶、塑料袋等</td><td>HW42</td><td>36.82</td><td>36.82</td><td rowspan="2">供应商回收或交有资质单位处理</td></tr>
<tr><td>4</td><td>废活性炭</td><td>含有机溶剂</td><td>HW06</td><td>45</td><td>45</td></tr>
<tr><td>5</td><td>生活垃圾</td><td>生活垃圾</td><td>99</td><td>9.9</td><td>9.9</td><td colspan="2">环卫部门集中处理</td></tr>
<tr><td>合计</td><td></td><td>—</td><td></td><td>235.72</td><td>235.72</td><td colspan="2"></td></tr>
</table>

(5) 项目污染物产生情况汇总

见表6-12。

表6-12 项目污染物产生排放情况汇总

<table>
<tr><th colspan="3">环境影响因素</th><th>产生量/(t/a)</th><th>削减量/(t/a)</th><th>外排量/(t/a)</th></tr>
<tr><td rowspan="6">大气污染物</td><td rowspan="2">生产线</td><td>甲苯</td><td>4.2</td><td>3.705</td><td>0.495</td></tr>
<tr><td>非甲烷总烃</td><td>11.24</td><td>9.914</td><td>1.326</td></tr>
<tr><td rowspan="2">罐区</td><td>甲苯</td><td>0.287</td><td>0.2337</td><td>0.0533</td></tr>
<tr><td>非甲烷总烃</td><td>2.145</td><td>1.70525</td><td>0.43975</td></tr>
<tr><td rowspan="2">备用柴油发电机</td><td>SO_2</td><td>0.010</td><td>0</td><td>0.010</td></tr>
<tr><td>NO_2</td><td>0.026</td><td>0</td><td>0.026</td></tr>
<tr><td colspan="2" rowspan="3">水污染物企业排污口(生活污水)</td><td>COD</td><td>0.356</td><td>0</td><td>0.356</td></tr>
<tr><td>SS</td><td>0.285</td><td>0</td><td>0.285</td></tr>
<tr><td>NH_3-N</td><td>0.014</td><td>0</td><td>0.014</td></tr>
</table>

续表

环境影响因素		产生量/(t/a)	削减量/(t/a)	外排量/(t/a)
水污染物污水厂排污口（生活污水）	COD	0.356	0.263	0.093
	SS	0.285	0.2	0.085
	NH_3-N	0.014	0.002	0.012
固体废物	危险废物	225.82	225.82	0
	生活垃圾	9.9	9.9	0

6. 污染源防治措施

(1) 废水污染防治措施

项目建成投产后冷却水循环使用；生产过程中产生少量的设备清洗废液及实验室废液，该部分为高浓度有机废液，集中收集后交由有资质的单位进行回收处理，实现生产废水零排放。

项目外排废水主要为生活污水，罐区初期雨水经过隔渣隔油池进行预处理后外排。外排污水由园区污水处理厂集中处理。

(2) 废气污染防治措施

在生产线上布设集气系统，投料口等定点设置集气罩，工艺有机废气经集气管道进入一体化活性炭吸附装置，废气处理后经15m以上的排气筒高空外排，有机废气去除率在90%以上，可满足广东省《大气污染物排放限值》(DB 44/27—2001) 第二时段二级标准。处理工艺见图6-5。

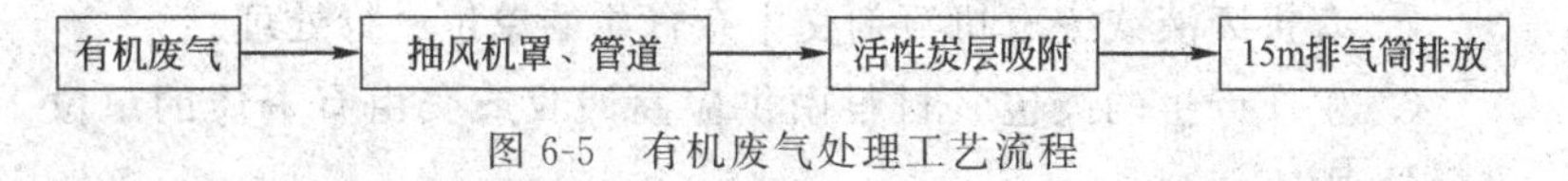

图6-5 有机废气处理工艺流程

车间内加强物料管理，减少恶臭物质无组织排放，加强机械通风，能有效改善车间工作环境，给员工发放劳保用品，做好个人防护。车间恶臭物质对车间员工及周围环境影响较小，能满足《恶臭污染物排放标准》(GB 14554—93) 二级标准。

在罐区，应优化物料储存和使用的管理，储罐进料时配设油气回收装置以减少有机废气大呼吸损失量。储罐外壁采用无毒、无污染的隔热涂料，可以有效隔绝阳光中红外线辐射热，降低储罐罐顶和外壁温度，减少产品蒸发。在温差较大的季节，注意对储罐地面洒水降温，减少温差引起的化学品蒸发排气。罐区无组织排放废气能满足相关标准（罐区甲苯和非甲烷总烃排放按 DB 44/27—2001 无组织排放监控浓度限值执行）。

本项目设置 250kW 柴油发电机一台，为消防备用，使用率较低，燃料采用含硫≤0.2%的优质轻柴油，排放烟气达到《非道路移动机械用柴油机排气污染物排放限值及测量方法（中国Ⅰ、Ⅱ阶段）》（GB 20891—2007）第Ⅱ阶段大气污染物最高允许排放限值。

（3）噪声污染防治措施

通过选用低噪声设备并对设备基础进行减振防噪处理；对于噪声声源强度高的设备比如压缩机、发电机等设备，进行吸声隔声处理，加装消声设备。通过墙壁的阻挡和距离衰减后使噪声符合《工业企业厂界环境噪声排放标准》（GB 12348—2008）3 类标准的要求，即厂界昼间噪声≤65dB（A）。

（4）固体废物污染防治措施

项目产生的固体废物主要包括四个方面：一是设备清洗废液和实验室废液；二是废包装材料；三是废活性炭；四是员工办公生活垃圾。

① 有机废液或废有机溶剂交由有资质的单位进行处理。

② 生产产生的废包装材料由供应商回收或交由有资质的单位进行处理。

③ 废活性炭由供应回收再生或交由有资质的单位处理。

④ 对于员工办公生活垃圾，建设单位拟按指定地点堆放，并每日由环卫部门清理运走，对垃圾堆放点进行定期的清洁消毒。

设置危险废物储存库，按《危险废物贮存污染控制标准》（GB 18597—2001）的要求对危废进行管理，定期外运处理。

项目危险废物拟由广州绿由工业弃置废物回收处理有限公司处理。

思考与练习

1. 什么是化学品储罐的大小呼吸?

2. 鞋用胶黏剂生产企业中有哪些主要的产污环节? 各自产生什么污染物?

3. 为了开展本案例中的污染源分析工作，需要向建设单位搜集哪些基础资料和数据?

案例七　印染项目污染源分析案例

一、行业背景

1. 行业发展情况和存在的问题

纺织工业是我国国民经济的重要产业，既丰富了市场、美化了人民生活，又在出口创汇中占有重要的地位。纺织品除了满足人们的穿着需要外，还大量用于装饰材料和工农业生产、国防等各个领域。印染加工是纺织品生产的重要工序，它可以改善纺织品的外观和服用性能，或赋予纺织品特殊功能，提高纺织品的附加价值，满足各行业对纺织品性能的不同要求。

印染是俗称，其学名是染整。纺织品的印染加工是借助各种机械设备，通过物理的、化学的或物理化学的方法，对纺织品进行处理的过程，主要内容包括前处理、染色、印花和后整理。前处理主要是采用化学方法除去纺织品纤维特别是天然纤维上的各种杂质，改善纺织品的服用性能，并为染色、印花和后整理等后续加工提供合格的半成品；染色是通过染料和纤维发生物理的或化学的结合，使纺织品获得鲜艳、均匀和坚牢的色泽；印花是用染料和颜料在纺织品上获得各种花纹图案；后整理是根据纤维的特性，通过化学或物理化学的作用改进纺织品的外观和形态稳定性，提高纺织品的服用性能或赋予纺织品阻燃、拒水拒油、抗静电等特殊功能。

我国印染行业出现了前所未有的快速发展局面，多元化投资大量涌入，先进装备相继投产，新产品、新技术纷纷亮相，在全球的产能份额持续上升，已经成为世界印染业中规模最大的国家。在为国家创造经济效益的同时，印染行业带来的水污染问题也不容小觑。由于印染加工工艺的要求，印染布在加工过程中需要消耗大量的水，同时排放水污染物。

染整加工过程所产生的废水叫染整废水，俗称印染废水。印染废水水量大、水质复杂、水质水量变化大，处理起来有一定难度，特别是印染废水的颜色经常引起群众关注。印染废水处理是纺织行业环境保护工作的重点。按 2003 年全国印染行业印染布生产量计算，印染行业年排放印染废水约 16 亿立方米左右，平均重复利用率不到 10%。我国印染行业集中在东部沿海地区，截至 2003 年底，浙江、江苏、广东、山东、福建五省产量已占全国印染布总产量的 86.5%，而浙江、江苏、山东又是重点流域淮河、太湖所在地，水污染防治工作形势严峻。由于印染业在工艺过程中排放废水，一些大城市已退出印染业，如北京市区内基本没有印染企业，上海市 2003 年印染布产量仅 3 亿米，不及一个大型印染企业年产量。印染企业在向小城镇转移，有不少是在工业园区内。

当前亟待加强对印染企业废水处理设施的监管，促进印染产业布局的合理化，使印染企业逐步进入印染园和开发区，便于印染废水的集中处理。为防止高浓度的印染废水未经处理直排进管，对集中式污水处理厂的正常运行造成冲击，要加强对进入集中式污水处理厂的企业废水预处理情况的监管。

2.“土法漂染”企业

1996 年《国务院关于加强环境保护若干问题的决定》（国发[1996] 31 号文）中明令在 1996 年 9 月 30 日前取缔、关闭或停产十五种严重污染环境的企业（即“十五小”），对其中“土法漂染”的界定，见中国纺织总会（部）文件《关于土法漂染企业界定问题的复函》（纺生综 [1997] 2 号）。

“土法漂染”企业定义为年生产能力 1000 万米以下、所排废水符合下列情况之一的：每百米布所产废水大于 2.8t；COD 大于 100mg/L；色度大于 80 倍（稀释倍数）。

3. 清洁生产要求

2006年，原国家环境保护总局发布并实施了环境保护行业标准《清洁生产标准 纺织业（棉印染）》（HJ/T 185—2006），可用于纺织行业棉印染企业的清洁生产审核和清洁生产潜力及机会的判断，以及清洁生产绩效评定和清洁生产绩效公告制度。标准根据当前棉印染行业的技术、装备水平和管理水平制订，将棉印染企业清洁生产水平分为三级，一级代表国际清洁生产先进水平，二级代表国内清洁生产先进水平，三级代表国内清洁生产基本水平。

考虑到纺织行业棉印染企业的生产特点，该标准将清洁生产指标分成五类，即生产工艺和装备要求、资源能源利用指标、污染物产生指标、产品指标和环境管理要求。

同时，标准将棉印染企业分为棉机织印染企业和棉针织印染企业，其中，棉机织印染企业核算产品产量以百米布（100m布）计，棉针织印染企业核算产品产量以吨布（t布）计。由于棉机织印染产品存在布幅宽度及布重的不同，标准指标值中选用布幅宽度106cm、布重12.00kg/百米布的合格产品产量作为计算基准产品产量的依据，当棉机织产品布幅宽度或布重不同时，应将产量按照一定的修正系数转换为基准产品产量，转换方法见《清洁生产标准 纺织业（棉印染）》(HJ/T 185—2006）的附录A。

《清洁生产标准 纺织业（棉印染）》(HJ/T 185—2006）除了可用于棉印染企业清洁生产审核以外，在建设项目环境影响评价资料收集阶段，可用于判断建设单位提供基础数据的合理性。

4. 准入条件

为加快印染行业结构调整，规范印染项目准入条件，推进印染企业节能减排和淘汰落后，使印染生产改变传统的粗放加工模式，促进低浴比、低能耗设备的应用，提高设备的控制水平和精度，提高资源利用率，减少污染物的排放，促进印染行业可持续发展，工业和信息化部于2010年对《印染行业准入条件》（发展改革委2008年第14号公告公布）进行了修订，修订后的《印染行业准入条件（2010年修订版）》对新建或改扩建印染项目提出了更高的准入门槛和要求，在企业布局、工艺与装备要求、资源消耗、环境保护与资源综合利用等方面要求更加细化。

准入条件明确要求印染企业水的重复利用率要达到35%以上，并且资源和能源的消耗要满足表7-1要求。

表7-1　新建或改扩建印染项目印染加工过程综合能耗及新鲜水取水量

分类	综合能耗	新鲜水取水量
棉、麻、化纤及混纺机织物	≤35kg标煤/百米	≤2t水/百米
纱线、针织物	≤1.2t标煤/t	≤100t水/t
真丝绸机织物（含练白）	≤40kg标煤/百米	≤2.5t水/百米
精梳毛织物	≤190kg标煤/百米	≤18t水/百米

二、案例分析

1. 项目概况

（1）基本情况

某纺织印染有限公司位于A市B工业区C1号地，主要从事牛仔布织造用棉纱浆染加工，为满足不断增长及变化的市场需要，拟在原有基础上，利用项目现址旁边的预留空地（B工业区C2号地，属于工业园纺织印染小区）进行扩建。

扩建项目拟增加9条浆染生产线（联合浆染机），主要进行高档棉纱浆染加工，年产量为13000t（5850万米）；新增150台高速织布机，以浆染车间所产棉纱为原料进行牛仔坯布织造加工，年产牛仔布8000t；新增5台染色机和3台圆网印花机，外接来料进行布匹印染精加工，年印染针织布4000t。扩建项目总产量为各类纺织品25000t/a。

（2）员工人数及工作制度

扩建项目拟增加员工300人，工作制度和扩建前一样，为3班制，每班8h，全年生产300d，年生产时数为7200h。

（3）电力、蒸汽、热能供应

扩建项目电力、蒸汽供应将依托项目已有的接口接入（园区配套热电厂集中供汽），项目厂区内现有设施能满足扩建后新增产能的需要。

扩建项目配套设置2台280×10^4kcal（1cal=4.1858J）导热油炉，为印染车间后整理定型加工提供高温热能，使用生物质颗粒燃料，用量约为5760t/a，油炉废气经“脉冲布袋除尘器”除尘处理后通过35m高烟囱（编号KP5）排放。

（4）给排水

扩建项目总用水量2498t/d，其中生产用水量2430t/d、办公生活用水量48t/d、绿化用水量20t/d。生产、生活用水合一，来自工业园自来水总管。

扩建项目外排的废水主要为生产废水和员工办公生活污水，和项目一期废水一起，通过工业园的污水管网输送到园区配套污水处理厂集中处理。

项目外排废水经园区污水厂处理达到污水处理厂设计的排放标准后排入白岭涌-九曲河水体，污水厂废水排放执行广东省《水污染物排放限值》（DB 44/26—2001）第二时段一级标准。

2. 生产设备及原辅材料

（1）生产设备

项目生产设备见表7-2。

表7-2 扩建项目新增主要设备

序号	设备名称	数量	用途	备注
1	联合浆染机	9条	棉纱浆染	香港
2	络筒机	15台	络筒	国产/香港
3	整经机	12台	整经	香港
4	连续染色机	3条	染色	香港
5	绳状染色机	2台	染色	香港

续表

序号	设备名称	数量	用途	备注
6	丝光机	4台	丝光	香港
7	退浆机	5台	退浆	国产
8	缩水机	6台	缩水后整理	国产
9	卷布机	15台	卷布	国产
10	消毛机	3台	烧毛	国产
11	拉幅机	3台	拉幅后整理	国产
12	定型机	2台	定型后整理	国产
13	筒子染缸	25台	染色	国产
14	织布机	150台	织布	国产
15	四色圆网印花机	1台	印花	香港
16	单色圆网印花机	2台	印花	香港
17	不锈钢煮锅	4个	染料调配	—
18	不锈钢甩干机	2台	脱水	—
19	不锈钢蒸锅	1台	染料调配	—
20	空压机	1台	—	—
21	280×10^4kcal导热油炉	2台	为印染车间定型加工提供热能	—

（2）能耗

见表7-3。

表7-3　扩建项目水、电、能源消耗情况

种类	单位	年用量	来源
电	10^4kW·h/a	5000	工业园供电部门
水	10^4t/a	82.434	工业园供水公司
蒸汽	t/a	81000	工业园配套热电厂
生物质颗粒燃料	t/a	5760	燃料市场
液化石油气(厨房)	t/a	18	液化石油气公司

(3) 主要原辅材料

见表7-4。

表7-4 扩建项目主要生产原辅材料使用情况

序号	原材料名称	年用量	用途
1	坯纱	13000t/a(5850万米)	浆染成为成品纱线，织造加工成牛仔坯布
	纱线	8000t/a	经织造加工成牛仔坯布
	针织坯布	4000t/a	经印染加工成成品布
	合计	25000t/a	
2	靛蓝染料	280t/a	牛仔纱线染色
	硫化染料	200t/a	牛仔纱线染色
	活性染料	48t/a	布匹印花
	合计	528t/a	
3	变性淀粉	800t/a	牛仔纱线上浆
	海藻酸钠糊	36t/a	印花原糊
	合计	836t/a	
4	各类印染助剂	1744t/a	浆染、印染加工助剂

(4) 水平衡分析

水平衡分析见图7-1。

3. 工艺流程和产污环节分析

(1) 棉纱浆染加工工艺流程及产污环节

工艺流程简述：牛仔纱线是牛仔布织造的重要原料，纱线浆染是牛仔服饰生产的一个重要工序，本扩建项目浆染车间采用片状染色工艺对牛仔布织造用经线进行浆染加工。首先是将买回的坯纱在整经车间进行倒筒、拉经和整经加工，使各成分棉纱相互混合并卷绕到一个织机经轴上，为后续的浆染做准备；然后将经轴安装在联合浆染机卷轴上，以片状连续方式生产，包括染色和上浆两个过程。

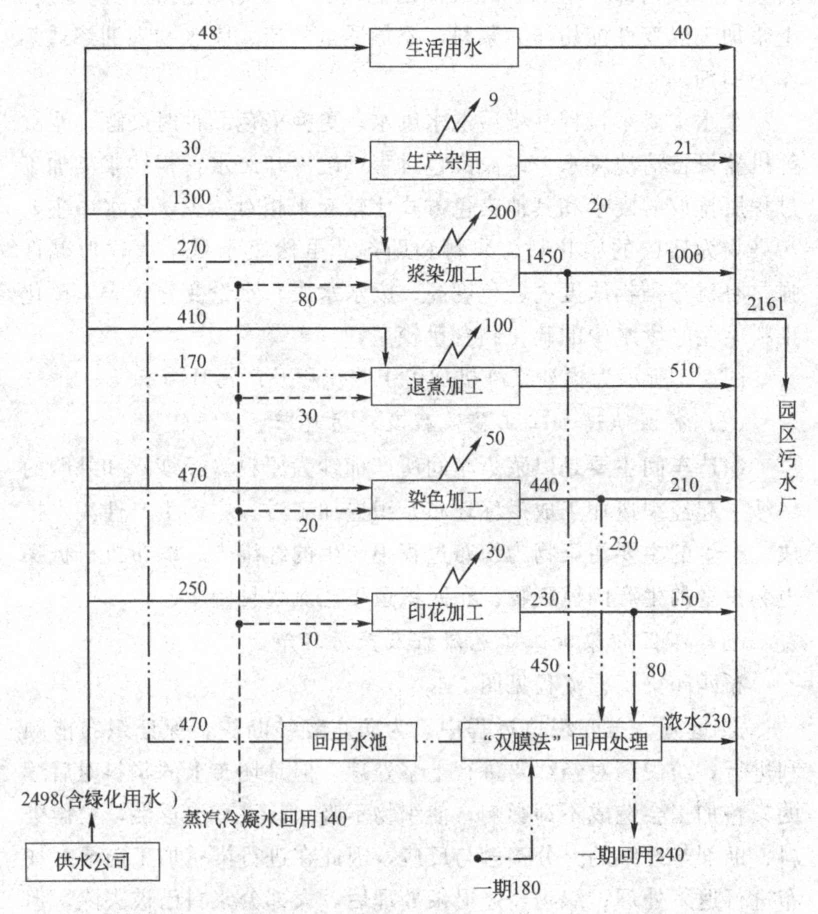

图 7-1 扩建项目厂区水量平衡图（单位：t/d）

① 染色 先将染料和各种染色助剂调配成染液，泵入联合浆染机染缸内进行染色，染后进行多道逆流水洗以去除纱线上的浮色。为防止染色时色调较为单调，获得良好的染色效果，染色时使用硫化染料打底，靛蓝染料浸轧氧化套染。

② 上浆 是为了修复棉纱在染色过中受到的损伤，使经纱表面覆上一层光滑、耐磨、柔韧具有一定强度的浆膜，同时因部分浆

料渗入纱线内部，增加了纤维间的黏附力和提高纱线的抗拉强度。上浆加工以变性淀粉作为浆料，添加适量的蜡、胶水和枧油渗透剂作为助剂。

废水主要来自棉纱染后洗水废水，更换染色品种时染缸、浆缸等机器设备清洗废水，以及染色过程染缸冷却废水，棉纱浆染加工过程所排放的废水和其他染色方式比较起来相对较少，废水中主要污染物为残留的染化料、浆料和助剂。虽然废水量不大，但碱性强、有机污染物浓度高、色度高、废水水质、水量变化较大，硫化染料染色时废水中的硫化物含量较高。

图 7-2 所示为棉纱浆染机加工工艺流程及产污环节。

（2）布匹织造加工工艺流程及产污环节

织造车间主要是以浆染车间所产棉纱为原料（经纱）和外购的纬纱一起经织造加工成牛仔坯布。织造加工过程中无生产性废水排放，产生的主要污染物为织布过程中产生的纤维尘、织布机机械噪声和少量的生产固体废物。布匹织造工艺流程见图 7-3。

（3）布匹印染加工工艺流程及产污环节

布匹印染工艺流程见图 7-4。

① 退煮　布匹织造过程中，为防止经纱断头，保证织布能顺利进行，纺织厂对经纱要进行上浆处理，但是坯布上的浆料对后续的染整加工会造成不利影响，使织物不吸水，没有渗透性，妨碍染料、助剂与纤维的充分接触与反应，因此在进行染整加工前要对坯布进行退浆处理；织物经过退浆处理后，大部分浆料已被去除，但纤维上残留的纤维素、棉籽壳等共生物以及在织造过程中沾染的油污杂质使得织物的渗透性较差，影响染料、助剂的吸附、扩散，因此在退浆以后，还要经过煮练，去除纤维上大部分残留杂质。退浆和煮练均为织物前处理工艺。

本项目采用“退煮一浴工艺”进行前处理，在退浆机上进行，同时实现退浆和煮炼目的，选择烧碱作为煮炼剂，添加其他的助剂如表面活性剂、除油剂、渗透剂、软水剂、稳定剂等，在高温环境

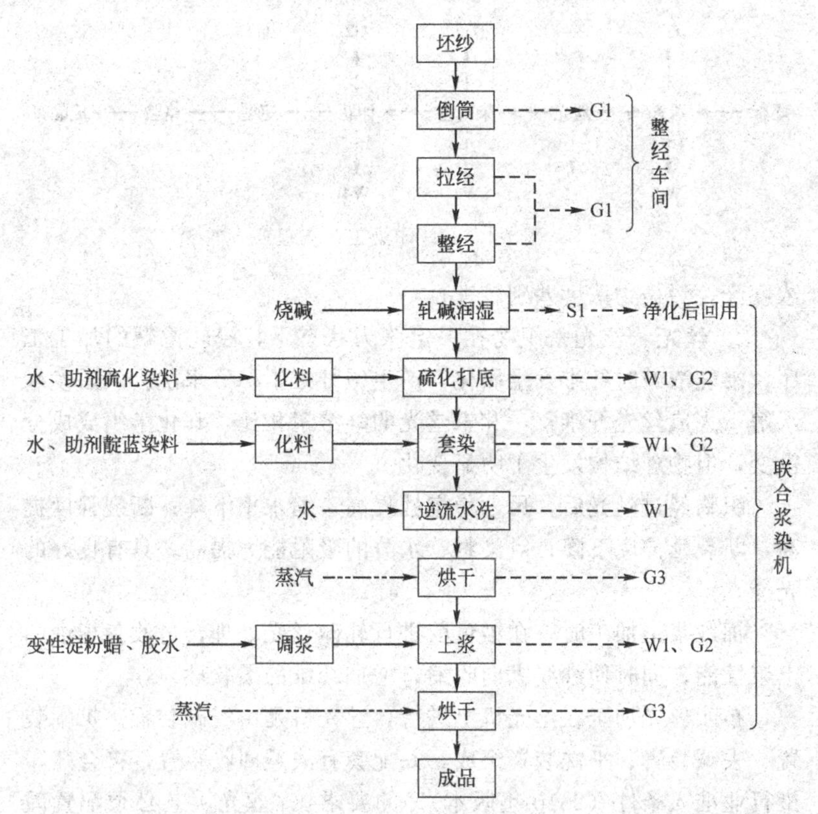

图 7-2　棉纱浆染加工工艺流程及产污环节

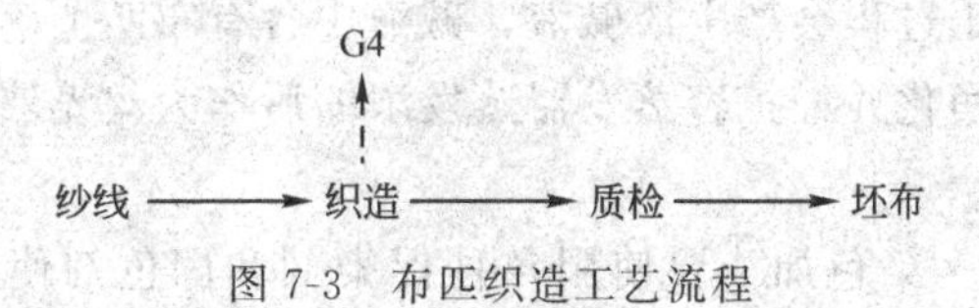

图 7-3　布匹织造工艺流程

下保温一定时间，使浆料在氢氧化钠溶液中发生溶胀、溶解，最后安排多道洗水工序将各种杂质和附着在纤维上的多余的助剂洗去，实现退煮的目的。

退煮废水的特点是：水量大，水温高，废水呈碱性，污染物的

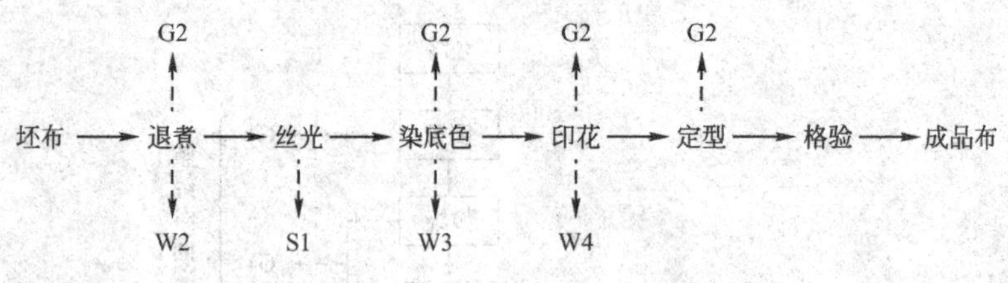

图 7-4 布匹印染工艺流程

浓度高，污染物浓度差别较大。

② 丝光 丝光是织物在一定张力状态下，浸轧浓碱的加工工序，浸轧浓碱时纤维发生胀化，产生碱纤维素，经水洗去碱后发生水解，生成丝光纤维素，和未丝光的纤维素相比，其化学组成成分没变，但物理结构发生了明显变化。

织物经过丝光后，尺寸稳定性提高，缩水率下降；断裂强度提高，断裂延伸度下降；对染料、水分的吸附能力提高；具有良好的光泽。

棉纱浆染加工时，在染色前进行轧碱丝光处理，可改善棉纱的上浆性能，同时使纱线纵向收缩，增加纤维的柔软性。

布匹丝光加工在丝光机上进行，丝光机是由浸碱装置、扩幅装置、去碱装置、平洗装置组成，并配套有淡碱回收装置，符合《印染行业准入条件（2010 年版本）》的要求："丝光工艺必须配置碱液自动控制和淡碱回收装置"。

丝光加工过程会产生淡碱液，碱液中含有布匹上落下的纤毛等杂质，过滤净化并经扩容蒸发器蒸发浓缩后作为丝光液循环使用不外排。

③ 染色 染色加工要使用各种促染剂和固色剂使染料附着在纤维上，根据需染色材料的不同选用不同的染料和助剂。本项目的主要加工对象是棉针织布，使用活性染料染色，添加促染剂、固色剂等染色助剂。

染色废水的特点是：有机污染物浓度高，色度深，水质变化大，成分复杂。

④ 印花　印花是将各种染料和颜料调制成印花色浆，局部施加在纺织品上，使之获得各色花纹图案的加工过程，从工艺上分类，印花加工主要分为糊料印花和涂料印花。本扩建项目主要采用一相法活性染料直接印花（糊料印花），是将活性染料、原糊（海藻酸钠）、碱剂（烧碱）、防染剂一起调制成色浆然后直接印花。

使用圆网印花机印花，印花版为圆筒状的金属网，刮刀的刀口与圆网的内圆相切，给浆系统将印花色浆泵入圆网内部，利用刮刀对圆网内的色浆施加压力，使色浆印制到织物上。印后焙烘固色，充分水洗去除织物上多余的糊料、染料及助剂。

印花过程主要的产污环节为布匹水洗工序以及印花台板、导带、网版清洗工序，每个生产班次结束或更换染色品种时浆桶清洗也会产生一定的清洗废水；焙烘固色、烘干工序会产生一些无组织排放的废气。

扩建项目采用圆网印花机进行印花加工，所用金属网版均外协其他厂制作，不需要自己制版。

印花机布匹洗水采用搓洗加喷淋的洗水方式，并配有逆流水洗及热能回收装置，一个水洗槽相当于三个普通洗水槽的洗水效率，可节约一半以上的洗水水量，符合《印染行业准入条件（2010 年版本）》要求。

印花废水的特点是色度较高，含有剩余涂料、助剂等，COD、BOD 值比较高。

⑤ 定型　印花后整理主要是通过物理、化学或物理化学联合的方法，改善织物的外观和内在品质，或赋予织物一些特殊的性能。

本扩建项目印花后整理加工采用物理机械方法，主要为定型整理，利用水分、热量、压力、拉力等物理机械作用消除织物中存在的内应力，使经过定型整理后的布匹幅宽整齐均一、尺寸和形态稳定。

本扩建项目采用的整理工艺不同于以防皱为主要目的的树脂整理，不使用含甲醛的树脂定型剂，也不需要使用各种有机溶剂，定型整理加工过程中不会排放生产性废水和定型废气，但因在较高温度下进行，会有少量水蒸气产生，直接排放到车间外部。

⑥ 其他　扩建项目配套了 2 台 280×10^4kcal 导热油炉，使用低硫生物质颗粒燃料，油炉工作过程会产生燃烧废气。

⑦ 产污环节小结　扩建项目生产过程各种污染物产生环节、类型代号及名称汇总见表 7-5。

表 7-5　扩建项目污染物产生环节、类型代号及名称汇总

类别	编号	污染物名称	主要成分	产生位置
废气	G1	纤维尘	粉尘	整经车间整经加工工序
	G2	浆染车间、印染车间工艺废气	水蒸气	浆染车间、印染车间的高温工序
	G3	浆染机烘干废气	水蒸气	浆染车间联合浆染机烘干段
	G4	纤维尘	粉尘	织造车间织布过程
		导热油炉燃烧废气	SO_2、NO_x、烟尘	导热油炉
		厨房油烟	油烟	烹饪过程
废水	W1	浆染废水	COD、S^{2-}	浆染车间
	W2	退煮废水	COD	前处理退煮工序
	W3	染色废水	COD	染色工序
	W4	印花废水	COD	印花工序
		生产杂用废水	COD	地面清洗等生产杂用
固体废物	S1	废碱液	NaOH	印染车间丝光工序
	S2	纱底、废次品、栅渣	一般工业废物	生产过程、生产废水栅格预处理
	S3	废包装材料	一般工业废物	生产过程
	S4	废弃染料包装物	HW12 类危废	浆染车间、印染车间生产过程
	S5	纤维尘	一般工业废物	织造车间、整经车间除尘设施
		废导热油	HW08 类危废	导热油炉热媒定期更换
		导热油炉灰渣	一般工业废物	导热油炉、脉冲布袋除尘器
		回用水设施沉渣	HY02 类严控废物	回用水处理设施
		办公生活垃圾	生活垃圾	办公生活过程

4. 污染源分析

（1）水污染物产生排放情况

① 生产废水产生情况

A. 浆染废水　浆染废水主要来自浆染加工过程洗水工序，采用多道三缸逆流水洗方式，清水从浓度最低的洗水槽加入逆向洗涤，从浓度最高的第一级洗水槽排出。

浆染废水量和其他染色方式比较起来相对较少，废水中主要污染物为残留的染化料、浆料和助剂。

扩建项目浆染废水产生量1450t/d，其中染缸冷却等工艺过程排放的废水污染程度较低，可作为清流水单独收集处理后回用，回用的废水量约450t/d，浆染废水排放量1000t/d。

外排的浆染废水碱性强、有机污染物浓度高、色度高、废水水质、水量变化较大，在使用硫化染料染色时废水中的硫化物含量较高。

B. 退煮（前处理）废水　采用“退煮一浴法”前处理退煮工艺，废水产生量约为510t/d，污染物浓度高，废水中含有纤维素、果酸、蜡质、油脂、碱、表面活性剂以及残余的漂白剂等，废水呈碱性、水温高。

C. 染色废水　采用活性染料对棉布进行染色，废水主要来自染后布匹洗水及染缸清洗，约为440t/d。

布匹染色后需经过多道洗水工序，前几道洗水废水污染程度较高，作为浊流水直接外排，后两道洗水废水污染物浓度较低，可作为清流水单独收集处理后回用，回用的染色废水量为230t/d。

外排的染色废水量为210t/d，呈碱性，水量中等，水质随所用染料的不同而不同，其中含染料、助剂、表面活性剂等，色度很高，COD较BOD高得多，可生化性较差。

D. 印花废水　印花废水主要来自印花后布匹洗水以及印花机台板、导带及网版清洗等工序。

印花后布匹要经过多道洗水工序，布匹洗水采用搓洗加喷淋的洗水方式，布匹洗水废水量约为 200t/d，前几道洗水废水污染物浓度较高，直接外排，后两道洗水废水可作为清流水单独收集处理后回用，回用的废水量约 80t/d，外排的布匹洗水废水量约为 120t/d；

为减少印花过程疵病产生，定期对印花机台板、导带及网版进行清洗，因染料印花使用的染料和助剂易溶于水，可直接用水清洗，不需要使用甲苯等有机溶剂，印花机上安装有水洗装置，以针刺式喷淋方式进行清洗，清洗废水通过排水管排出。清洗废水量约为 30t/d，废水水质和布匹洗水废水水质基本一样，但废水中污染物浓度较一般布匹洗水废水浓度高，COD 一般大于 1200mg/L。

外排的印花废水量为 150t/d，污染程度高，主要的污染物为残留的残余的浆料、染料、助剂等。

E. 生产杂用废水　主要包括生产车间地面、设备清洗废水。

F. 蒸汽冷凝水回用　车间内设置蒸汽冷凝水收集系统，收集到的蒸汽冷凝水水温较高，水质较好，完全可以满足生产用水水质的要求，可直接回用于生产过程。

该收集系统的组成较为简单，投资小，可以提高水的利用率，同时还节约了蒸汽用量，经收集回用的蒸汽冷凝水量约为 140t/d。

G. 清流水回用　染色、印花生产过程后几道洗水工序产生的废水，棉纱浆染加工染缸冷却等工艺过程产生的废水，污染物浓度较低，COD≤400mg/m^3，电导率≤1500μS/cm，可作为清流水分流收集后采用“双膜法”处理达到印染工艺用水水质标准，分质回用于印染加工过程的不同工序。

扩建项目可用于回用的浆染废水量为 450t/d，染色废水量为 230t/d，印发废水量 80t/d，总的可作为清流水回用的废水量为 760t/d，另有一期清流水 180t/d，扩建完成后，总的废水回用量为 940t/d。“双膜法”清流水回用处理过程中会产生“浓水”，产生量约为回用水量的 1/4，约为 230t/d，经“双膜法”回用处理后得到的能够被生产过程利用的水量为 710t/d。

生产车间设备地面清洗等生产杂用水、布匹前处理退煮加工用水，对水质要求较低，一般要求达到《城市污水再生利用　工业用水水质》(GB/T 19923—2005) 中洗涤用水水质，即 BOD_5 ≤30 mg/L、SS≤30 mg/L，经超滤膜处理后的超滤产水可满足要求，回用水量为 220t/d (含一期回用水量 20t/d)。

棉纱浆染加工过程染色后水洗、皂洗等染后加工工序对水质的要求较高，要求满足一般印染用水水质要求，即 COD≤20mg/L、SS≤10mg/L、硬度≤1.5mmol/L，反渗透膜处理后的出水可满足要求，回用水量为 490t/d (含一期回用水量 220t/d)。

回用处理过程产生的“浓水”量为 230t/d，因清流水中的污染物大部分进入了“浓水”，“浓水”中污染物的浓度较高，约为清流水浓度的 3～4 倍，和一般印染废水浓度相当，可作为浊流水和一般生产废水一起外排园区污水厂处理。

② 生活污水产生情况　扩建项目新增加员工 300 人，员工在厂内食宿，按照《广东省用水定额（试行）》，人均生活用水量按 0.16t/d 计，员工生活用水量为 48t/d，生活污水排放量按用水量的 85%计，为 40t/d。

生活污水的主要污染物为 BOD_5、COD、SS 和氨氮，污染物浓度不高，可生化性好。

③ 扩建项目用水及废水产生情况　见表 7-6。

表 7-6　扩建项目用排水情况统计　　　单位：t/d

<table>
<tr><th colspan="2" rowspan="2">项目</th><th colspan="3">生产用水量</th><th rowspan="2">蒸发损耗</th><th rowspan="2">回用处理（处理后回用）</th><th rowspan="2">废水排放量</th></tr>
<tr><th>新鲜用水</th><th>回用水量</th><th>冷凝水回用</th></tr>
<tr><td rowspan="6">生产过程</td><td>浆染加工</td><td>1300</td><td>270</td><td>80</td><td>200</td><td>450</td><td>1000</td></tr>
<tr><td>退煮加工</td><td>410</td><td>170</td><td>30</td><td>100</td><td>0</td><td>510</td></tr>
<tr><td>染色加工</td><td>470</td><td>0</td><td>20</td><td>50</td><td>230</td><td>210</td></tr>
<tr><td>印花加工</td><td>250</td><td>0</td><td>10</td><td>30</td><td>80</td><td>150</td></tr>
<tr><td>生产杂用</td><td>0</td><td>30</td><td>0</td><td>9</td><td>0</td><td>21</td></tr>
<tr><td>回用处理</td><td>0</td><td>940
(760＋180[1])</td><td>0</td><td>0</td><td>710
(470＋240[2])</td><td>230</td></tr>
<tr><td colspan="2" rowspan="2">小计</td><td>2430</td><td>1410</td><td>140</td><td rowspan="2">389</td><td rowspan="2">1470</td><td rowspan="2">2121</td></tr>
<tr><td colspan="3">3980</td></tr>
</table>

续表

项目	生产用水量			蒸发损耗	回用处理（处理后回用）	废水排放量
	新鲜用水	回用水量	冷凝水回用			
生活用水	48			8	0	40
绿化用水	20			20	0	0
合　计	4048			417	1470	2161

① 为一期清流水量；

② 为经“双膜法”处理后回用于一期的水量。

④ 综合废水水质情况　扩建前后项目生产废水水质情况基本一样，综合考虑废水的水质和水量情况，通过对建设单位提供资料以及同类厂污水水质监测结果的类比分析，同时参考《纺织染整工业废水治理工程技术规范》提供的针织棉染整废水水质数据，扩建项目具体废水水质情况见表 7-7。

表 7-7　扩建项目废水水质情况　　单位：mg/L

类别		水量/(t/d)	BOD_5	COD	SS	pH	NH_3—N	色度(稀释倍数)
生产废水	浆染	1000	280	800	200	9	15	300
	退煮	510	310	900	500	9	15	360
	染色	210	240	915	500	9	15	430
	印花	150	400	1200	500	9	15	450
	生产杂用	21	50	180	200	9	15	—
	回用处理浓水	230	270	825	265	9	15	330
	综合生产废水	2121	289	860	327	9	15	338
生活污水		40	150	250	220	6～9	30	5～20
综合污水		2161	286	849	325	9	15	332

⑤ 废水排放情况　扩建项目建成投产后所产生的生产废水、生活污水和项目一期的废水一起由园区污水处理厂集中处理，园区污水处理厂采用目前较先进的“物化＋生化＋氧化”技术处理

污水，使污水能实现达标排放。项目水污染物排放情况统计见表7-8。

表7-8　扩建项目水污染物排放情况

污水产生量/(t/d)	主要污染物	污染物浓度/(mg/L)	污染物			处理后水质浓度/(mg/L)	污水排放量/(t/d)
			产生量/(kg/d)	去除量/(kg/d)	外排量/(kg/d)		
2161	COD	849	1834.689	1694.224	140.465	≤65	2161
	BOD_5	286	618.046	587.792	30.254	≤14	
	SS	325	702.325	572.665	129.66	≤60	
	NH_3—N	15	32.415	10.805	21.61	≤10	
	色度	332	—	—	—	≤40	
	pH	8～10	—	—	—	6～9	

注：处理后污水排放浓度参考“B工业区污水处理厂环境影响报告书”。

(2) 大气污染物产生排放情况

① 粉尘

a. 织造车间粉尘（纤维尘）　织造车间牛仔布织造过程产生一定量的粉尘（纤维尘），纤维尘的产生量约为4.6t/a。

织造车间采用密闭式的厂房设计，生产过程中产生的纤维尘，经织布机除尘、滤尘设备除尘和布袋除尘三级除尘后，大部分作为回风返回织造车间，小部分通过20m高的排气筒引至楼顶排放（排气筒编号KP1、KP2）。除尘设施除尘效率按90%计，纤维尘年排放量为0.46t/a，废气排放执行广东省《大气污染物排放限值》（DB 44/27—2001）第二时段二级标准（颗粒物≤120mg/m³）。

织造车间内部粉尘浓度≤1mg/m³，满足《工作场所有害因素职业接触限值》（GBZ 2—2002）的要求（棉尘时间加权平均容许浓度≤1mg/m³）。

b. 整经车间粉尘（纤维尘）　整经车间棉纱整经加工过程中会产生一定量含有棉絮、棉屑的粉尘（纤维尘），粉尘尘的产生量按整经车间原材料用量的0.01%计，年产生粉尘约1.3t。

整经车间顶部安装抽风集气系统，所收集到的含尘废气经滤网过滤及水幕除尘处理后引出到车间外部，除尘效率按80%计，纤维尘年排放量为0.26t/a。

② 浆染车间、印染车间废气　浆染车间染色、烘干工序，印染车间坯布退煮、染色、印花、定型等工序因所处的高温环境，会产生少量工艺废气，废气的主要成分是水蒸气，同时夹杂少量染料及助剂中的挥发成分，有轻微异味，这些工艺废气虽然没有毒性，但对人体的呼吸系统有一定的刺激性。生产车间要加强通风换气，安装强制性的通风换气装置，加强对员工身体健康的保护。

在浆染车间联合浆染机上方安装集气罩，将收集到的工艺废气直接排放到车间外部。

浆染车间上浆后烘干工段所产生的废气中含有浆料中挥发成分，气味稍大，在其上方安装集气罩，收集到的烘干废气经水幕喷淋后引至楼顶20m高排气筒排放（排气筒编号KP3、KP4）。

③ 导热油炉废气　项目配备了两台额定功率为280×10^4kcal的导热油炉，为后整理定型加工提供热能，使用佛山市三水环能再生能源有限公司提供的生物质颗粒燃料，含硫率≤0.01%、灰分≤2.95%，挥发分≤79.97%，热值为4108～4878kcal/kg（平均约为4400kcal/kg，1cal=4.1858J）。根据热值折算，导热油炉满负荷工作时，生物质颗粒燃料用量约1.6t/h，按油炉每天满负荷运行12h计算，全年耗生物质颗粒燃料量约为5760t。

根据《第一次全国污染源普查工业污染源产排污系数手册》提供的参数，燃生物质颗粒燃料导热油锅炉主要污染物产生系数具体见表7-9。

表7-9　燃生物质颗粒燃料锅炉主要污染物产生系数

污染物	排放系数/(kg/t)
废气量	6240.28m^3/t
NO_x	1.02
SO_2	17S①=0.17
烟尘	18.2

① 指燃料的含硫量，%。

根据以上污染物产生系数，计算可得燃生物质颗粒燃料导热油炉大气污染物产生情况，废气产生量为 $3594.401\times10^4 m^3/a$，SO_2 的产生量为 0.979t/a，NO_x 为 5.875t/a，烟尘 104.832t/a。满负荷工作时导热炉排放的废气中大气污染物浓度分别为：SO_2 27mg/m³、NO_x 163mg/m³、烟尘 2917mg/m³，烟尘初始浓度较大，超过了广东省《锅炉大气污染物排放标准》（DB 44/765—2010）A 区新建燃气锅炉最高允许排放浓度（生物质燃料锅炉执行燃气锅炉排放标准，$SO_2 \leqslant 50mg/m^3$、$NO_x \leqslant 200mg/m^3$、烟尘$\leqslant 30mg/m^3$）。

建设单位拟采用脉冲布袋除尘器处理油炉废气以减少烟尘的排放量，除尘效率可达 99%以上。处理后的油炉废气中烟尘浓度为 29mg/m³，满足广东省《锅炉大气污染物排放标准》（DB 44/765—2010）A 区新建燃气锅炉最高允许排放浓度，通过直径 1.5m、高 35m 的烟囱（编号 KP5）排放。

④ 导热油炉灰渣场扬尘　导热油炉灰渣在装卸和储存的过程中会产生一定的扬尘。本项目灰渣场设有喷淋装置，使灰渣表面保持一定的湿度，灰渣场有盖和围墙、尽量保持封闭，厂内灰渣输送系统采用封闭方式，厂区围墙旁边多种植树林，通过采取以上措施，使灰渣装卸和储存过程中产生的扬尘量较小，且局限在一个比较小的范围内。

⑤ 食堂油烟废气　扩建项目新增员工 300 人，依托原有的饭堂等生活设施，厨房炉灶以液化石油气为燃料，液化石油气用量 18t/a，液化气是一种清洁能源，其燃烧产生的大气污染物较少，远低于排放标准；因厨房不增加灶头数，扩建前后油烟废气产生及排放量基本没有变化。

扩建项目大气污染物产生及排放统计见表 7-10。

(3) 噪声产生排放情况

扩建项目噪声主要来源于联合浆染机、织布机、水泵、风机等各类机械运行时产生的噪声，有固体撞击声，有气流噪声，噪声值

表 7-10 扩建项目大气污染物产生及排放情况统计

污染源、污染物		产生情况		排放情况		排气筒高度/m	去除效率/%	排放标准/(mg/m³)
		产生浓度/(mg/m³)	产生量/(t/a)	排放浓度/(mg/m³)	排放量/(t/a)			
织造车间(KP1、KP2)	粉尘	240	4.6	24	0.46	20	90	≤120
整经车间	粉尘	—	1.3	—	0.26	—	80	周界外最高 1.0
浆染车间(KP3、KP4)	水蒸气	—	—	—	—	20	—	—
	臭气浓度	—	—	174～417	—		—	≤4000(无量纲)
导热油炉(KP5)	烟气量	$3.594\times10^7 m^3/a$				35	—	—
	SO_2	27	0.979	27	0.979		—	50
	NO_x	163	5.875	163	5.875		—	200
	烟尘	2917	104.832	29	1.048		99	30

最高可达 90dB(A)。根据厂家提供的资料及类比同类型企业，各主要声源的噪声源强见表 7-11。

(4) 固体废物产生排放情况

① 工业固体废物

废碱液：丝光工序所产生的废碱液，产生量约为 30t/a，经提纯净化处理后作为丝光碱液回用。

纰纱、废次品、栅渣：生产过程中产生的纰纱、废次品，生产废水预处理设施格栅收集到的栅渣（纤维渣），其产生量约占总产量的 0.1%，约为 25t/a。

废包装材料：原料进厂及成品包装时产生一定的废纸箱、废塑料袋等废包装料，预计其产生量为 30t/a。

废弃染料包装物：生产过程中产生的废弃染料包装物约占染料用量的 0.2%，约为 1.06t/a。废弃染料包装物属于《国家危险废物名录》中编号为 HW12 类［染料、涂料废物］危险废物。

纤维尘：整经车间、织造车间除尘设施收集的纤维尘量为 5.18t/a。

表 7-11　扩建项目主要噪声源情况

序号	噪声源位置	噪声产生设备	声源值/dB(A)	治理措施
1	浆染车间	联合浆染机	90	部分设备自带隔声罩、消声器等设施，机械类噪声采用基础减振、隔声等措施
		风机、水泵	85	
2	整经车间	整经机	88	
3	织造车间	织布机	90	
4	印染车间	退浆机	85	
		染色机	85	
		印花机	88	
		风机、水泵	85	
5	冷却系统	冷却塔	85	
6	食堂	风机、抽油烟机	85	
7	搬运及运输车辆	车辆	80	
8	油炉房	导热油炉	90	

废导热油：导热油受污染、氧化、热降解等因素的影响将会使其使用性能发生变化，当导热油的使用性能无法继续满足系统使用或安全的要求时，必须更换系统导热油。为了降低系统残留物对新导热油使用性能的影响，可以在导热油系统排出旧油后对其进行清洗。废导热油需要定期进行更换，预计每年的平均更换量为 1 吨，废导热油属于《国家危险废物名录》“HW08 废矿物油”类危险废物，废物代码为“900-249-08”，由导热油供应单位回收。

导热油炉灰渣：根据建设单位提供的资料，导热油炉灰渣的产生量约为 165t/a，因其中含有丰富的钾，可作为肥料出售给园林公司。

回用水处理设施沉渣：建设单位采用物化＋“双膜法”处理工艺对清流水进行回用处理，沉渣产生量约为 80t/a。属于广东省 HY02 类严控废物，委托有资质的公司处理处置。

② 办公、生活垃圾　扩建项目新增员工 300 名，生活垃圾产生按 0.5kg/(人·d)，产生天数按 300t/a 计算，产生量约为 45t。

通过上述分析，扩建项目固体废物汇总情况见表 7-12。

表 7-12 扩建项目固体废物产生情况

类别	污染物名称	产生量/(t/a)	回收量/(t/a)	外运处置/(t/a)	治理措施
工业固体废物	废碱液	30	30	0	提纯处理后回用
	纰纱、废次品、栅渣	25	0	25	由废品回收商回收
	废包装材料	30	0	30	由废品回收商回收
	废弃染料包装物	1.06	0	1.06	HW12 类危险废物，有资质公司回收处理处置
	纤维尘	5.18	0	5.18	作为辅料外售玩具厂
	废导热油	1	0	1	HW08 类危险废物，供应商回收
	导热油炉灰渣	165	0	165	出售给园林公司
	回用水设施沉渣	80	0	80	HY02 类严控废物，委托有资质的公司处理
办公、生活垃圾		45	0	45	环卫部门清运
总计		382.24	30	352.24	

(5) 扩建项目产排污情况汇总

扩建项目产排污情况汇总见表 7-13。

5. 环境保护措施

(1) 废水污染防治措施

对生产过程产生的废水从源头进行清浊分流，COD 及色度较高的第一道染色废水及高碱量废水作为浊流水，外排污水厂集中处理；一部分 COD 较低的浅色漂洗废水等清流水，单独收集并进行深度处理后，分质回用于生产过程的对水质有不同要求的工序。

清流水回用处理采用“常规絮凝沉淀＋多介质过滤（MMF)＋超滤膜法（UF)＋反渗透膜法（RO)”工艺，该工艺以“双膜法”[超滤膜法(UF)＋反渗透膜法(RO)] 工艺为核心，具有占地面积

表 7-13　扩建项目污染物产排情况汇总

污染种类	污染物名称	产生量/(t/a)	削减量/(t/a)	排放量/(t/a)
大气污染物	粉尘	5.9	5.18	0.72
	SO_2	0.979	0	0.979
	NO_x	5.875	0	5.875
	烟尘	104.832	103.784	1.048
水污染物	废水量	648300	0	648300
	COD	550.407	508.267	42.14
	BOD_5	185.414	176.338	9.076
	SS	210.698	171.8	38.898
	$NH_3—N$	9.725	3.242	6.483
固体废物	工业固体废物	337.24	337.24	0
	办公、生活垃圾	45	45	0

小、处理水量大、产水水质稳定、全自动 PLC 控制运行、操作简单等特点。其工艺流程如图 7-5 所示。

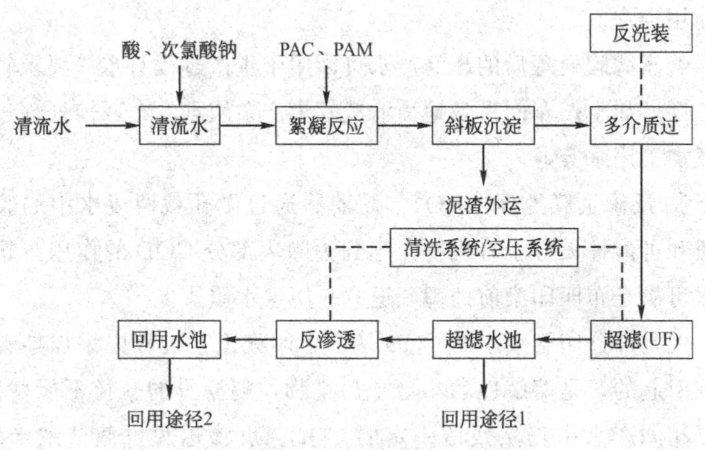

图 7-5　清流水回用处理工艺流程

废水处理流程可以划分为 3 个部分：预处理、超滤膜处理

(UF) 和反渗透膜 (RO) 处理。

① 预处理　清流水池采用冷却塔将收集的清流水水温降到合适范围，加酸调节原废水 pH 值到 7 左右，加次氯酸钠去除一部分废水中的 COD，减轻后续设备的运行负荷。

聚合氯化铝 (PAC) 和聚丙烯酰胺 (PAN) 间隔投加，进絮凝反应池进行反应，然后进斜板沉淀池进行沉淀，斜板沉淀池上清液经多介质过滤器过滤。

斜板沉淀池底部污泥经污泥泵抽出后，排至空地，干化后的泥渣外运处理。

多介质过滤器采用常规滤料，包括粗石英砂、细石英砂和片状无烟煤。多介质过滤器运行一定时间后，滤料顶部会形成一层厚厚的污染物滤饼，影响滤速和产水量，应定期对多介质过滤器进行气擦和水反冲洗，以保持正常运行。

② 超滤膜处理 (UF)　多介质过滤器出水进入超滤膜系统，超滤可去除废水中大部分浊度和有机物，减轻反渗透膜的污染，延长使用寿命。

经超滤膜处理后的超滤产水可回用于生产过程对水质要求较低的工序，如生产车间设备地面清洗等生产杂用水、布匹前处理过程退煮加工用水等。

③ 反渗透膜处理 (RO)　超滤膜通过微孔截留废水中的胶体物质和可溶性大分子有机物，起到去除大部分 COD 的作用，超滤产水可满足布匹印染前处理 (退煮) 用水水质要求。

但是部分印染废水的 COD 是由于印染工艺过程中添加染料和助剂引起的，是溶解性的小分子污染物，超滤膜的孔径不能截留，所以超滤产水中仍然残留一定的 COD。反渗透膜可截留纳米级、数百相对分子质量的颗粒. 从而进一步去除废水中的小分子溶解性 COD，使系统对 COD 的总去除率达到 99%以上。反渗透膜在去除有机物和浊度的同时，也具有很高的脱盐率。反渗透产水可满足一般印染工艺用水水质要求，可用于棉纱浆染加工过程染色后水洗、皂洗等染后加工工序。

(2) 废气污染防治措施

① 导热油炉废气防治措施　项目配套了2台280×10^4kcal（1cal=4.1868J）的导热油炉为生产过程提供热能，导热油炉使用生物质颗粒燃料，年用量为5760t。生物质燃料导热油炉不同于一般的燃煤锅炉，因其燃料含硫率较低（≤0.01%），且炉膛温度较低，油炉废气中SO_2和NO_x浓度可直接达标，但产生的起始烟尘量较大，约为2917mg/m^3，烟尘浓度接近流化床锅炉，一般的水膜除尘方式很难使烟尘实现达标排放，需配备电除尘器或布袋除尘器，使除尘效率达到99%以上，才能满足排放标准要求。

锅炉烟气高效除尘技术普遍采用电除尘和布袋除尘技术。

电除尘属干法除尘，该法是目前较先进的除尘方法，气流阻力小，烟气处理量大，并可在高湿或腐蚀条件下工作的优点。但一次性投资较大，在运行初期除尘效率较高，随着运行时间的累积，内部组件积灰、变形引起电场变化，致使除尘效率下降，能耗增加。

近年来，随着滤布材料制造技术的提高，特别是离线检修技术的成功运用，使新一代的脉冲布袋除尘器在锅炉除尘工艺中得到了恢复和大力的发展，理论上新一代的脉冲布袋除尘器的除尘效率可以达到99.98%以上，经类比调查，使用新一代的脉冲布袋除尘器处理后锅炉烟气中烟尘浓度在25mg/m^{3}左右，随着国家对大气环境质量要求的日益严格，各锅炉应用单位为了降低运行费用，确保达标排放，又出现普遍采用布袋除尘器处理锅炉烟气的趋势。

经类比调查，广东美芝制冷设备有限公司的4t/h蒸汽锅炉，使用生物质颗粒燃料，配备布袋除尘器，据其验收监测报告《佛山市顺德区环境保护监测站监测报告（顺）环测字B（2010）第

122302号》，锅炉废气烟尘浓度为16～19mg/m³。

本项目导热油炉废气中烟尘初始浓度为2917mg/m³，布袋除尘器除尘效率按保守的99%计算，处理后的锅炉废气中烟尘浓度为29mg/m³，满足广东省《锅炉大气污染物排放标准》(DB 44/765—2010) A区新建燃气锅炉最高允许排放浓度（烟尘≤30mg/m³）。

② 生产车间粉尘（纤维尘）防治措施　粉尘对大气的污染，不仅使空气变得混浊，减少到达地面的太阳辐射量，对农业生产及地面生态系统产生一系列的不良影响。长期接触高浓度粉尘的人容易患硅沉着病等呼吸系统疾病，因此，应积极采取有效的粉尘治理措施。

扩建项目整经车间、织造车间生产过程都会产生一定量的粉尘，产尘点多，分散度高，这些粉尘对对车间内部工人的呼吸系统会产生危害。由于产尘点较多，在不同的粉尘排放点安装不同的除尘设备，投资费用太大，且难统一收集处理，本扩建项目在整经车间安装强力抽风装置，收集到的含尘废气经滤网及水幕除尘后排到车间外部；对产尘量较大的织造车间，采用封闭式厂房设计，通过空气湿度调节设备，控制车间温湿度，减少粉尘产生，并增设吸除尘系统，通过织布车间排风系统将车间内含尘空气排出，经滤尘设备除尘以及布袋除尘后，大部分经处理空气作为回风返回织造车间不外排，少部分空气通过20m高的排气筒排放。

扩建项目织造车间产生的含尘空气实际上将经过三级除尘，即经过织布机本身吸尘、滤尘设备除尘后，最终经过布袋除尘设备除尘。布袋除尘器是一种干式高效除尘器，可用于净化粒径大于0.3μm的含尘气体。其原理是当含尘空气通过织物的过滤层或通过由填充材料构成的过滤层时，颗粒大、密度大的粉尘，由于重力的作用会沉降下来，落入灰斗；含有较细小粉尘的气体在通过滤料时，粉尘被阻留，使气体得到净化。袋式除尘器除尘效率高，可达95%以上，净化效率高，性能稳定可靠，操作简便所收干尘便于回收利用。经除尘后的含尘废气可以达到广东省《大气污染物排放限值（DB 44/27—2001）》中的第二时段二级标准的排放限值要求：颗粒物最高允许排放浓度≤120mg/m³，同时保证织造车间内部粉尘浓度≤1mg/m³，满足《工作场所有害因素职业接触限值》（GB Z2—2002）的要求（车间内部棉尘时间加权平均容许浓度≤1mg/m³）。

③ 浆染车间、印染车间废气防治措施　浆染车间染色、烘干工序，印花车间坯布退煮、染色、印花等工序因所处的高温环境，会产生少量工艺废气，废气的主要成分是水蒸气，同时夹杂少量染料及助剂中的挥发分，这些工艺废气虽然没有毒性，但对人体的呼吸系统有一定的刺激性。

在废气产生量较大的浆染车间联合浆染机上方安装集气装置，收集到的废气排放到车间外部；针对联合浆染机烘干段废气，单独收集并经水幕喷淋后引至楼顶通过20m高排气筒排放；同时在印染车间、浆染车间安装强制性通风换气装置，加强车间的通风换气，以减少无组织排放废气对车间内部工人身体健康的影响。

④ 灰渣场扬尘处理措施　本项目的导热油炉灰渣堆场容易引起扬尘污染，为了尽可能地减少灰渣扬尘的产生量，灰渣堆场均设有喷水防尘设施，随时保证灰渣表面的含水量；灰渣场尽量封闭，围墙旁边多种植树林，防止扬尘的产生以及下雨灰渣堆上径流对环境影响；厂内灰渣输送系统采用封闭方式，带式输送机旁设挡风板以防止扬尘的产生。

此外，为尽可能减少灰渣在堆场的存放时间，厂方的投入生产后，应加强对灰、渣的调度管理，尽可能地减少在堆场的存放时间，从而减少堆场的无组织排放，将其对环境的影响降至最低。

思考与练习

1. 本案例的棉纱浆染加工、布匹织造加工分别有哪些主要工艺流程？ 各自产生什么污染物？

2. 印染废水具有哪些特征？

3. 为了开展本案例中的污染源分析工作，需要向建设单位搜集哪些基础资料和数据？

案例八　电镀项目污染源分析案例

一、行业背景

1. 行业发展情况

电镀隶属于表面处理技术领域，在金属精饰中按吨位计占加工的首位。电镀的发展分三个时期：第一个时期是为了改善光泽或耐蚀性。第二个时期是因为劳力不足而迈向省力化、自动化。第三个时期为减轻公害时期，以拓展自身的生存空间。

我国近代电镀行业发展较快，从业人员增多。但现有的电镀技术及相关设备多是从欧洲等地引进；自主研发能力较弱。

未来电镀的发展方向：合金和复合镀层等功能性电镀的研究，更加节能的电镀工艺，低污染化，以及新型电镀的研究，以适应科技和生产的需要，拓展行业的生存空间。

总之，电镀工业在全世界已经发展了160多年，是一门既成熟又年轻的科学。

2. 电镀概念

电镀就是利用电解原理在某些金属表面上镀上一薄层其他金属或合金的过程，是利用电解作用使金属或其他材料制件的表面附着一层金属膜的工艺，从而起到防止腐蚀，提高耐磨性、导电性、反光性及增进美观等作用。

3. 电镀作用

通过电镀，可以在机械制品上获得装饰保护性和各种功能性的表面层，还可以修复磨损和加工失误的工件。此外，依各种电镀需求还有不同的作用。举例如下。

① 镀铜：打底用，增进电镀层附着能力，及抗蚀能力。

② 镀镍：打底用或做外观，增进抗蚀能力及耐磨能力。其中，现代工艺中，化学镍的耐磨能力超过镀铬。

③ 镀金：可改善导电接触阻抗，增进信号传输。

④ 镀钯镍：可改善导电接触阻抗，增进信号传输，耐磨性高于金。

⑤ 镀锡铅：可增进焊接能力，因其含铅，现大部分改为镀亮锡或雾锡。

4. 产业政策、建设要求

(1) 产业政策

根据国家发展改革委员会最新修订生效的《产业结构调整指导目录（2011 年版本）》的规定，“1. 含氰电镀工艺（电镀金、银、铜基合金及预镀铜打底工艺，暂缓淘汰）”属于淘汰内容。

根据广东省发展改革委员会最新修订生效制定的《广东省产业结构调整指导目录（2007 年版本）》的规定，“1. 含氰电镀工艺（电镀金、银、铜基合金及预镀铜打底工艺，暂缓淘汰）”属于淘汰内容。

(2) 统一规划、统一定点规定

电镀行业统一规划统一定点工作按照原广东省环境保护局《关于印发广东省电镀行业和化学纸浆行业统一规划统一定点实施意见的通知》（粤环〔2004〕149 号）、《关于印发〈关于进一步加快我省电镀行业统一规划统一定点基地建设工作的实施意见〉的通知》（粤环〔2007〕8 号）、《关于印发〈关于进一步加快我省电镀行业统一规划统一定点基地建设工作的实施意见的补充规定（试行）〉的通知》（粤环〔2007〕83 号）的有关要求实施。

根据《广东省电镀、印染等重污染行业统一规划统一定点实施意见（试行）》（粤环［2008］88 号）要求，广东省电镀、造纸、印染、制革、化工（含石化）、建材、冶金、发酵、一般工业固体废物及危险废物处置等重污染行业入园管理、集中治污工作，保障环境安全。

5. 主要生产工艺

电镀分为挂镀、滚镀、连续镀和刷镀等，主要与待镀件的尺寸和批量有关。挂镀适用于一般尺寸的制品，如汽车的保险杠、自行车的车把等。滚镀适用于小件，如紧固件、垫圈、销子等。连续镀适用于成批生产的线材和带材。刷镀适用于局部镀或修复。电镀液有酸性的、碱性的和加有铬合剂的酸性及中性溶液，无论采用何种镀覆方式，与待镀制品和镀液接触的镀槽、吊挂具等应具有一定程度的通用性。一般包括电镀前预处理、电镀及镀后处理三个阶段。本案例的生产工艺为典型的挂镀。

二、案例分析

1. 项目概况

（1）基本情况

A市某五金电子实业有限公司选址位于A市B开发区C镇工业区，项目总占地面积为4.73hm^2，总建筑面积57000m^2。新建5栋厂房，其中3号、4号和5号车间为汽车零配件生产车间，1号和2号为备用厂房，6号为综合楼。

项目计划建设一条塑啤生产线，两条五金机加工生产线、十四条五金制品电镀生产线和两条塑料制品真空电镀生产线。投产后，年产600万件汽车五金、塑料零配件，其中五金零配件400万件，主要是散热栅、门内外把手、座椅靠背升降杆、刹车握杆，塑料零配件200万件，主要为车内塑料标板和倒后镜。

项目计划招聘员工1000人，实行三班制生产，每天连续24h生产，每年生产时间约300d。

（2）生产设备

项目主要生产设备见表8-1。项目主要配套设施见表8-2。

表 8-1 项目主要生产设备

设备名称	数量/台	设备名称	数量/台
冲床	40	整流器	70
车床	15	过滤器	65
刨床	6	超声波清洗器	60
打磨机	20	全自动电镀生产线	16
啤塑机	6	超滤纯水机	10
注塑机	6	抛光机	45
空压机	10	烘干生产线	16

表 8-2 项目主要配套设施

名称	用途	数量	名称	用途	数量
废水处理设施	生产废水处理	1套	净水设施	提供生产用高纯水	1套
废气处理设施	工艺废气处理	5套	配电设施	生产、办公用电	1套

(3) 原辅材料消耗

原辅材料消耗见表 8-3 和表 8-4。

① 五金电镀 项目五金电镀原材料年消耗量见表 8-3。

表 8-3 项目五金电镀原材料年消耗量

工序	物料名称	单位	年消耗量
五金机加工	覆铜板	t	27568
除油	NaOH	t	27.57
	Na_2CO_3	t	13.78
	磷酸钠	t	13.78
酸洗	硫酸	t	16.54
镀碱铜	阳极铜	t	292.12
	氰化亚铜	t	41.46
	氰化钠	t	64.92
	氢氧化钠	t	1.56

续表

工序	物料名称	单位	年消耗量
镀光亮酸铜	阳极铜	t	242.60
	硫酸铜	t	99.24
	硫酸	t	13.80
镀镍	阳极镍	t	241.60
	硫酸镍	t	90.23
	氯化镍	t	20.04
	硼酸	t	5.51
镀铬	铬酐	t	67.72
	硫酸	t	2.76

② 塑料电镀　项目塑料真空电镀原材料年消耗量见表 8-4。

表 8-4　项目塑料真空电镀原材料年消耗量

工序	物料名称	单位	年消耗量
塑啤	PC 胶粒	t	31
	ABS 胶粒	t	156
除油	NaOH	t	1.88
	Na_2CO_3	t	0.94
	磷酸钠	t	0.94
真空镀铜膜	铜粒	t	16.69
镀镍	阳极镍	t	16.50
	硫酸镍	t	6.13
	氯化镍	t	1.36
	硼酸	t	0.38
镀铬	铬酐	t	4.60
	硫酸	t	0.88

(4) 物料平衡分析

镍和铬属一类污染物，毒性较大。铜是本项目典型的特征污染物，虽然毒性较镍低，但其排放量大、浓度高。因此，本评价对选取铜、镍和铬作为物料平衡衡算因子，分析其最终进入环境数量。

① 铜物料平衡　项目五金电镀部分分别用镀碱铜和镀光亮酸性铜的方式镀了两层铜层。镀碱铜中铜来源于阳极铜和氰化亚铜，根据同类企业的经验数据，阳极铜中有90%进入产品，10%消耗掉，进入废水和废液，氰化亚铜的含金属量为71%。1μm厚的镀层质量为0.089g/m^2，镀碱铜的铜层厚度一般为12μm，则每平方米的受镀面积需耗金属铜106.8g，则年进入产品的金属铜为294.43t。通过镀酸性光亮铜金属铜来自于阳极铜和硫酸铜，阳极铜中有90%进入产品，10%消耗掉，进入废水和废液，硫酸铜的含金属量为25.5%。镀酸性光亮铜的铜层厚度一般为10μm，则每平方米的受镀面积需耗金属铜89g，则年进入产品的金属铜为245.36t。项目真空电镀部分采用真空蒸镀铜膜的方法，则金属铜完全没有浪费，全部进入产品。铜平衡情况见图8-1。

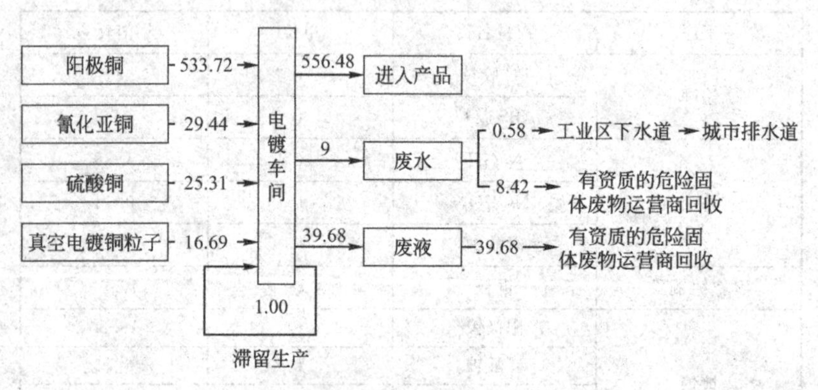

图8-1　项目铜物料平衡图（单位：t/a）

② 镍物料平衡　项目五金和塑料电镀镀镍中镍来源于阳极镍、硫酸镍和氯化镍，根据同类企业的经验数据，阳极铜中有90%进入产品，10%消耗掉，进入废水和废液，硫酸镍的含金属量为21.1%，氯化镍的含金属量为20.3%。1μm厚的镀层质量为0.089g/m^2，镀镍一般为10μm，则每平方米的受镀面积需耗金属

镍 89g，则年进入产品的金属镍为 262.04t。镍的物料平衡情况见图 8-2。

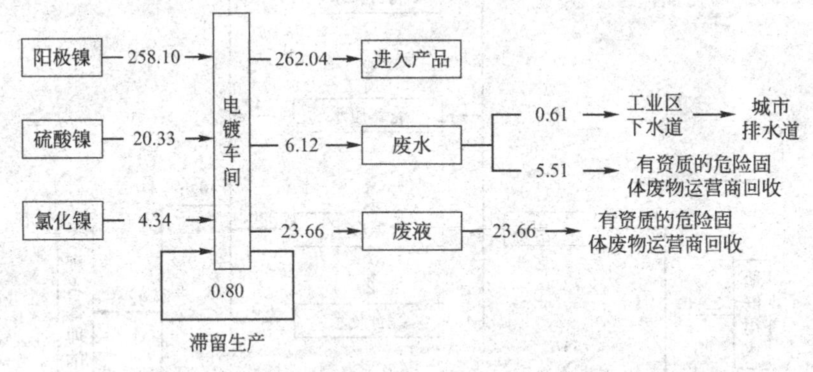

图 8-2 项目镍物料平衡图（单位：t/a）

③ 铬物料平衡 项目铬原料为铬酐，年消耗量为 72.32t/a，其中铬酐含铬量为 52%，则含铬 37.61t/a、镀件镀铬一层，厚度为 0.4μm，即每平方米铬镀层含金属铬 2.84g。则进入产品中铬约为 8.36t/a，其余进入废水和废液，其平衡情况见图 8-3。

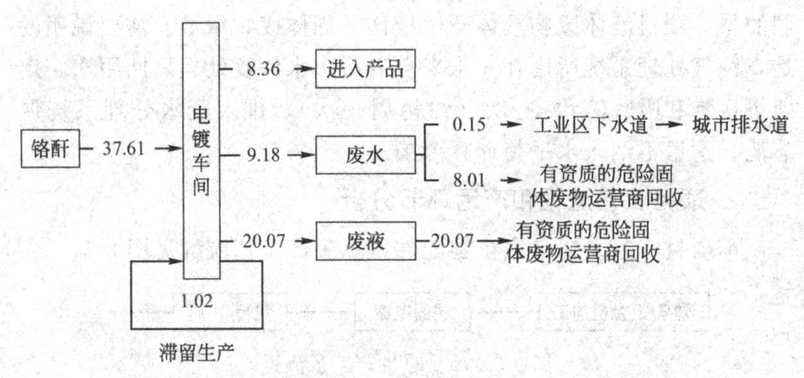

图 8 3 项目铬物料平衡图（单位：t/a）

（5）水平衡分析

通过对项目生产工艺和废水的产生、排放情况分析，项目给排水平衡情况见图 8-4。根据类比调查，电镀工序所加入的液体化学

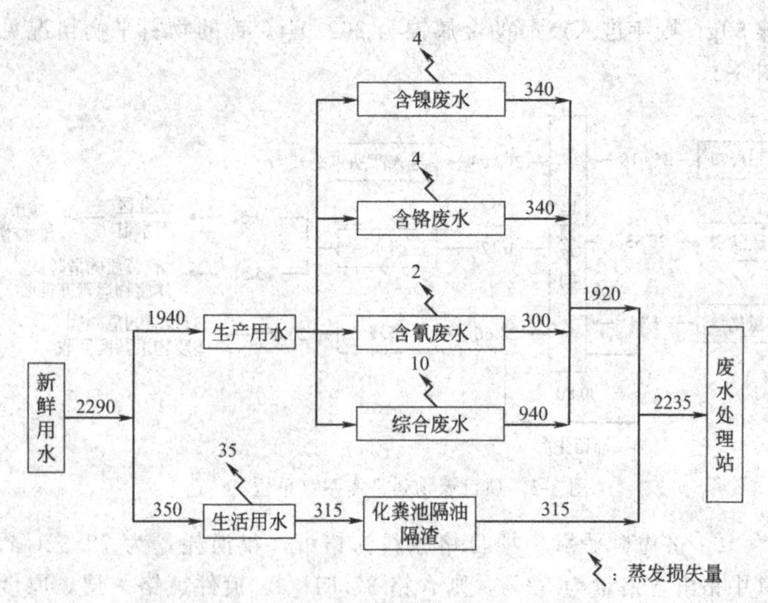

图 8-4 项目水平衡图（单位：m^3/d）

试剂体积和产生的液体废物体积基本相当，水平衡计算时不考虑它们的量。项目液体废物具体产生量详见固体废物章节。需要说明的是，废气处理系统所用补充水来自生活污水深度处理后回用水，定期更换饱和吸收液约 4t/次（约每周一次），排入废水处理系统调节池，这里不纳入水平衡计算范围。

2. 项目工艺流程和产污环节分析

本项目产品主要是汽车零配件，总生产工艺流程见图 8-5。

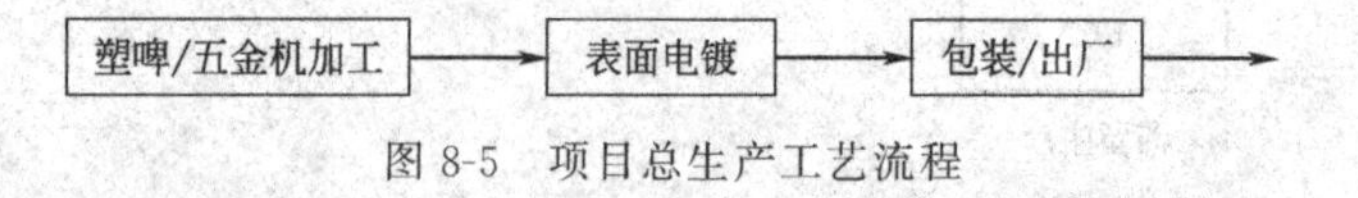

图 8-5 项目总生产工艺流程

(1) 塑啤生产线

该车间生产工艺较为简单，不需用水，生产过程只产生少量边角料等固态塑料废品，而且可以再生利用。啤机工序是在封闭的机器内进行注塑成形，所以不会有废气产生排放。具体工艺流程见图 8-6。

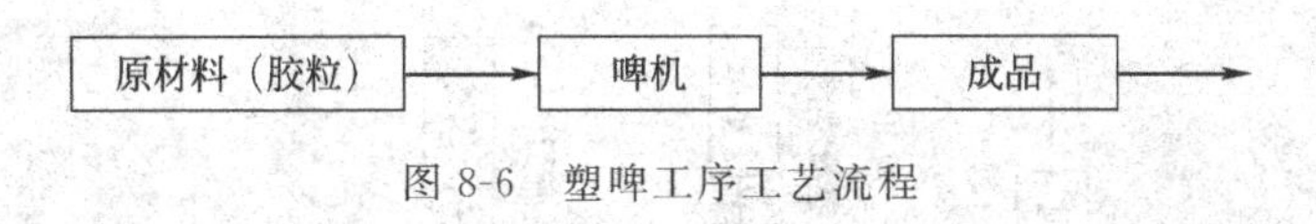

图 8-6 塑啤工序工艺流程

(2) 五金机加工生产线

五金机加工工艺流程见图 8-7，主要污染物来自打磨抛光机的粉尘和冲压、剪切的边角料，以及机械加工噪声。

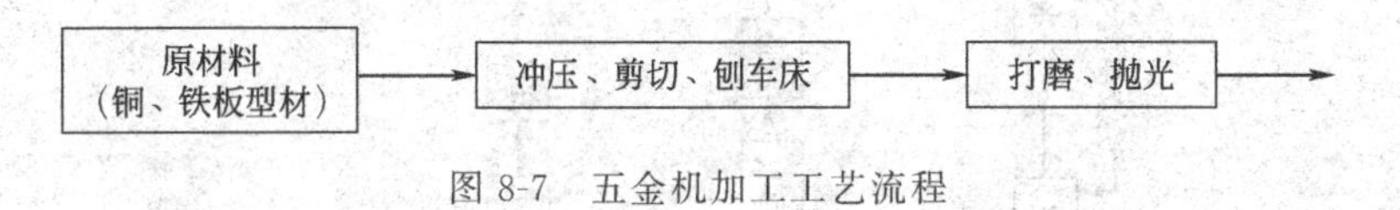

图 8-7 五金机加工工艺流程

(3) 五金制品电镀生产线

本项目五金制品电镀采用自动生产线，工作效率高，水洗工序采取多级逆流漂洗技术以提高清洗效率，可以减少废水量和污染物量产生量；含铬、含镍、酸碱废水和生活污水严格分类收集，从源头杜绝混排，有利于废水分类治理；镀槽产生的酸雾均安装收集和处理系统。

五金制品电镀主要工艺流程及产污环节见图 8-8，图中符号分别表示：G 为废气；W 为废水；L 为废液；S 为固体废物。

(4) 塑料制品真空电镀生产线

先在已加工成型并除油的塑料器件表面采用真空镀膜技术覆盖底层铜（无任何污染物排放），然后再根据需要镀镍和装饰性铬。整条生产线为自动生产线，工作效率高，水洗工序采取逆流漂洗技术以提高清洗效率，这样可以减少废水量和污染物量排放量，节约用水；含铬、镍和酸碱废水严格分类收集，从源头杜绝混排，有利于分类治理；有酸雾产生的车间，均安装收集和处理系统。

塑料制品电镀主要工艺流程及产污环节见图 8-9，图中符号分别表示：G 为废气；W 为废水；L 为废液；S 为固体废物。

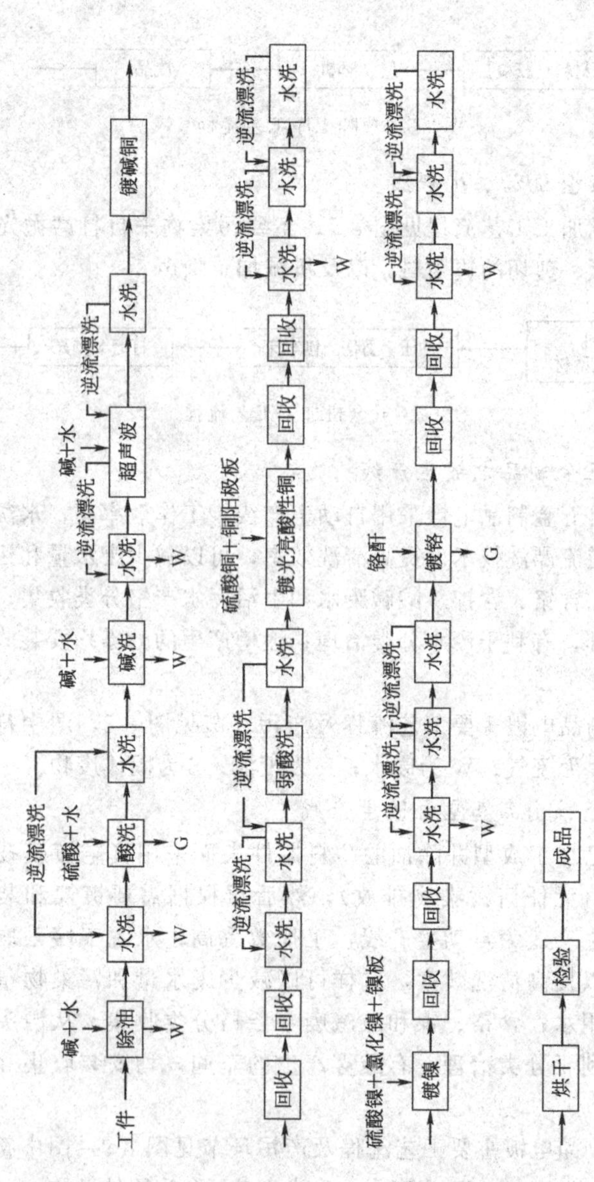

图 8-8 五金制品电镀工艺流程及产污环节

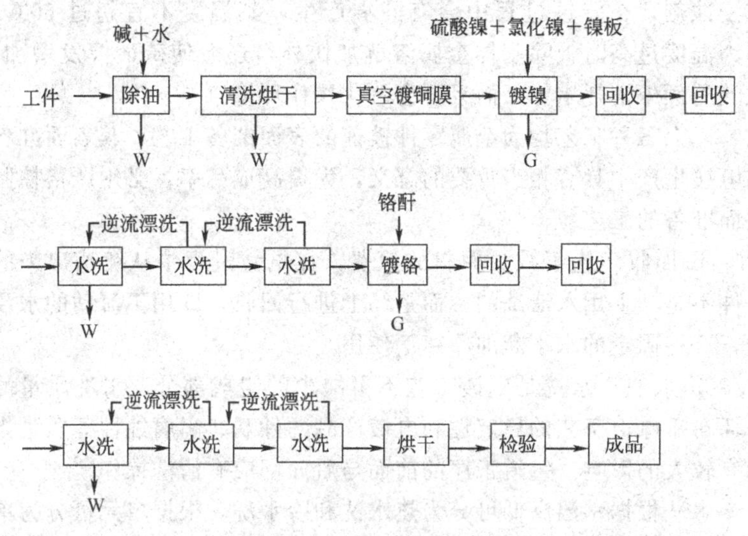

图 8-9　塑料制品电镀工艺流程及产污环节

工艺流程说明如下。

① 机械抛光　本项目的机械抛光主要是对镀件进行表面处理。机械抛光是用装在抛光机上的抛光轮来完成的。抛光轮是由棉布、亚麻布、细毛毡等缝制成的薄圆片，机械抛光就是借助抛光轮的纤维的作用，使表面获得镜面光泽，因此，抛光可用于零件镀前的表面准备，也可用于镀后的精加工。

② 除油　当金属表面覆着油污时，在电镀时该处就不会发生电化学反应，因此也不会形成镀层，致使整个零件的镀层质量下降。而送到电镀车间进行电镀的零件，其表面黏附油污几乎是不可避免的。常用的除油方法有：有机溶剂除油、化学除油、电化学除油以及上述方法的联合使用。本项目采用化学除油（高温碱液除油）。

③ 酸洗（浸蚀）　将金属零件浸入酸、酸性盐溶液中，以除去金属表面的氧化膜、氧化皮及锈蚀产物的过程称为浸蚀或酸洗。根据清除氧化物的方法的不同，可将浸蚀分为化学浸蚀和电化学浸蚀，常用的浸蚀剂有硫酸、盐酸、硝酸、磷酸等。本项目主要硫酸

作浸蚀剂，在浸蚀过程中会有酸雾产生，其温度不宜超过 60℃，因为温度过高时，除基体金属溶解加快外，还会使硫酸挥发增加，硫酸的额外消耗增加，而且还会恶化操作环境。

以上三种工艺均为金属零件镀前的表面准备工艺，其表面准备在电镀生产中具有相当重要的意义，为提高成品率，必须严格控制表面准备的工艺。

④ 回收　为了减少原料的浪费，在电镀过程中从镀槽出来的工件不是马上用水清洗的，而是马上进行回收，即用不流动的水浸洗，这种固定的水不断加回镀槽使用。

⑤ 水洗　水洗是电镀工艺不可缺少的组成部分，水洗质量的好坏对于电镀工艺的稳定性和电镀产品的外观、耐腐蚀性等质量指标有较大的影响。每道工序的前面与后面都应有清洗操作。

水洗根据水温高低可分为热水洗和冷水洗，根据单元可分为单元水洗法和多级清洗法。热水洗一般用在除油后、最终工序及特殊工序后。冷水洗用于一般的清洗工序。单元水洗法有浸洗、漂洗、喷淋清洗和气雾清洗。多级清洗法有多级浸洗、多级漂洗、逆流漂洗和间隙逆流清洗。

本项目采用的是逆流漂洗。即可充分回收由于镀件带出的电镀液，以节约成本，也可减少废水的排放，保护环境。

⑥ 镀碱铜　碱铜镀层与五金件基体的结合力较好，一般作为电镀的底层，镀液的主要成分为氢氧化钠、碳酸钠和磷酸三钠。

⑦ 镀光亮酸性铜　是在硫酸盐镀铜镀液的基础成分中加入有机组合的光亮剂和添加剂，所镀得的镀层光亮、柔软、孔隙率低、镀液的整平性。镀液的主要成分为硫酸铜、硫酸和氯离子。

⑧ 镀镍　本项目采用的是瓦特镀镍的方法，该方法使用硫酸镍、少量氯化物和硼酸为基础的溶液。用这种溶液镀出的镍镀层结晶细致易于抛光，韧性好，耐蚀性也比亮镍好。

⑨ 镀装饰铬　本项目汽车配件镀铬属于镀装饰铬，镀铬电解液的种类较多，最常见的是普通镀铬溶液，电解液中仅含有铬酐和硫酸两种成分。含铬酐 250g/L 的镀铬液，通常又叫标准镀铬液。

一般情况下是不在金属表面直接镀铬的，而是先镀铜，再镀镍或锡，下一步才镀铬。铬酐的水溶液就是铬酸，是电解液的主要成分，也是铬层的唯一来源。铬酐在电解液中的含量范围很宽，从50g/L到600g/L，通常使用的是150～400g/L。硫酸根是催化剂。

⑩ 塑料真空电镀工艺　塑料真空电镀工艺除真空镀铜膜外，其他很多工序（除油、镀镍、水洗、镀铬）与五金电镀中的工序相同，仅对其特殊工序——真空镀铜膜进行介绍。

真空镀膜技术（俗称真空电镀）是一种先进的工艺，与以往的水镀完全不同，在电镀前不需再对镀件进行活化和敏化，只需在清洁烘干后的镀件上直接镀膜，该工序完全没有污染物产生。真空镀膜技术大体可分为三种方式进行，分别是真空蒸镀、溅射镀膜和离子镀。本项目采用的是离子镀。

离子镀是在真空条件下，利用气体放电使气体成被蒸发物质离子化，在气体离子或被蒸发物质离子轰击作用的同时，把蒸发物或其反应物蒸镀在基片上，离子镀把辉光放电等离子体技术与真空蒸发镀膜技术结合在一起，不仅明显地提高了镀层各种性能，而且大大地扩充了镀膜技术的应用范围。离子除兼有真空溅射优点外，还具有膜层的附着力强，绕射性好，可镀材料广泛等优点，例如，利用离子镀技术可以在金属、塑料、陶瓷、玻璃、纸张等非金属上，涂覆具有不同性能的单一镀层化合物镀层，合金镀层及各种复合镀层，采用不同的镀料，不同的放电气体及不同的工艺参数，就能获得表面强化的耐磨镀层，表面致密的耐蚀镀层，润滑镀层，各种颜色的装饰镀层以及电子学、光学、能源科学所需的特殊能镀层，而且沉积速度高（可达75μm/min），镀前清洗工序简单，对环境无污染，近年来在国内外都得到迅速发展。

3. 污染源分析

(1) 水污染源分析

项目外排废水由工艺废水和生活污水两部分组成。工艺过程产生的废液纳入固体废物统计，不计算在排放废水内。

①生产废水　本项目的生产废水主要来源于五金和塑料制品的电镀工序，电镀废水主要来自于镀件预处理废水、清洗废水和电镀清洗废水三部分，可分为含铜废水、含铬废水、含氰废水、含镍废水和综合废水等几种废水进行分析。

镀件预处理主要包括金属制件镀前化学或电化学除油、酸洗等过程。除油清洗水呈碱性，常含有油污及其他有机化合物，酸洗浸蚀产生的废水呈酸性，并含有重金属离子和一些添加剂。预处理废水统称综合废水，约占生产总废水量的50%以上。

镀件清洗水是电镀水污染物的主要来源，废水中大部分污染物质是镀件表面附着液在清洗时带入的。由于镀件在进行清洗前已经进行了回收，所有带出的附着液不会很多。由于采用的电镀工艺和清洗方式不同，废水中的污染物浓度差异很大。从环境保护角度来说，低浓度镀槽所产生的污染要小于高浓度镀槽，自动化生产线小于手工操作线，逆流清洗小于常流水清洗；镀件带出液一般来说自动生产线为1～3mL/m^2。

本项目电镀清洗废水主要有含铜废水、含镍废水、含氰废水和含铬废水，由于Ni^{2+}和Cr^{6+}为一类水污染物，所以含Ni^{2+}和Cr^{6+}废水需单独处理达标后再与其他污水一起处理。各部分产生的生产废水情况见表8-5和表8-6。

此外，由于操作或管理不善可能引起“跑、冒、滴、漏”，这部分废水与地面冲洗水一并混合，其废水量的大小与管理水平和车间装备有关，废水浓度一般较低。

A. 五金电镀废水　五金电镀生产废水产生情况见表8-5。

B. 塑料电镀废水　塑料真空电镀废水产生情况见表8-6。

②生活污水　本项目生活污水主要是员工日常生活中淋浴、煮食、冲厕等排放的废水。本项目共有员工1000人，按照每人每天排放生活污水0.315m^3/d计算，日排放生活污水315m^3/d。主要污染物平均浓度COD 550mg/L、BOD 250mg/L、SS 350mg/L、氨氮65mg/L。

表 8-5 五金电镀生产废水产生情况

废水名称	产生工艺	废水量/(m^3/d)	主要污染物浓度/(mg/L)
综合废水	除油	50	COD,100;SS,50;油污
	酸洗	100	H_2SO_4,50
	碱洗	100	NaOH,50
	前处理后水洗	350	H_2SO_4,30
	镀光亮酸铜后水洗	300	Cu^{2+},50
含氰废水	镀碱铜后水洗	300	Cu^{2+},50;CN^-,20
含镍废水	镀镍后水洗	300	Ni^{2+},60
含铬废水	镀铬后水洗	300	Cr^{3+},80
合计		1800	

表 8-6 塑料真空电镀废水产生情况

废水名称	产生工艺	废水量/(m^3/d)	主要污染物浓度/(mg/L)
综合废水	除油	20	COD,100;SS,50;油污
	前处理后水洗	20	H_2SO_4,30
含镍废水	镀镍后水洗	40	Ni^{2+},60
含铬废水	镀铬后水洗	40	Cr^{3+},90
合计		120	

③ 废气处理污水　项目的废气处理系统约每周一次定期更换饱和吸收液，将产生约 6t/次的废水，则该部分废水产生量为 288t/a。该废水将纳入项目废水处理系统中的综合废水进行处理。

④ 废水水量及污染物浓度情况统计　本项目产生的工艺废水和生活污水污染物种类和浓度，根据同行业相似企业的实际运营情况进行类比调查后进行合理估算。具体情况如表 8-7。

表 8-7 项目各部分废水情况统计

废水名称	产生工艺	废水量/(m^3/d)	主要污染物浓度/(mg/L)	排放情况
综合废水	除油	70	COD,150;SS,50;油污,60	污水处理站
	酸洗	100	pH,1～2;SS,150	
	碱洗	100	pH,9～10;SS,50	
	前处理后水洗	370	pH,8～9;SS,30	
	镀光亮酸铜后水洗	300	Cu^{2+},50	
含氰废水	镀碱铜后水洗	300	Cu^{2+},50;CN^-,60;pH,10～11	
含镍废水	镀镍后水洗	340	Ni^{2+},80;pH,3～4	
含铬废水	镀铬后水洗	340	Cr^{2+},90	
生活污水	员工日常生活	315	COD,550mg/L,BOD,250mg/L,SS,350mg/L,氨氮,65mg/L	
综合废水	废气处理系统	1		
合　计		2236		

(2) 大气污染源分析

① 生产废气　本项目主要生产废气是稀硫酸常温酸洗工件时产生的酸雾、镀铬工序产生的铬酸雾。另外，汽车零配件加工成型过程还产生金属粉尘和塑料粉碎粉尘，其中塑料件注塑过程还产生少量有机废气。

电镀过程中产生的酸雾，属于工艺废气，连续产生。本项目计划对电镀过程中产生的硫酸雾采用集中收集后经过碱中和吸收净化处理后在楼顶高空排放。因此，经过收集处理后，实际排放到大气的酸雾浓度较低。

项目建成后每年消耗浓度95%左右的工业硫酸16.54t，镀槽的酸液挥发的硫酸雾，属无组织排放。根据《大气环境工程师实用手册》，每条生产线无组织排放硫酸雾采用下式计算其挥发量。

$$G_S = M \times (0.000352 + 0.000786u) pF \times (1-\eta)$$

式中　G_S——酸雾挥发量，kg/h；

M——酸的相对分子质量，取 98；

u——室内风速，m/s，取 0.50；

F——蒸发面的面积，m^2，取 4.5；

p——相应于液体温度时的饱和蒸汽分压，mmHg（1mmHg＝0.133kPa），查表得 17.58；

η——抑雾剂的抑雾效果，取 80%。

经计算，每条生产线无组织排放硫酸雾挥发量为 1.15kg/h，则 14 条五金电镀生产线最大酸雾产生量为 1.15kg/h×14＝16.1kg/h。

零配件在磨床加工工段，将对模具表面进行整平处理，加工过程除去表面上的毛刺、砂眼、焊疤、划痕、氧化皮和外观各种缺陷，提高表面的平整度，降低粗糙度，提高产品表面光滑度，因此，该生产加工过程将产生少量的金属粉尘，由负压抽出后经袋式除尘处理治理效率可达到 95%以上，排放量甚微。

在镀铬时，阴极有氢气析出，阳极有氧气析出，由于镀铬的阴极效率低，阳极又是不溶性的，因此气体析出量较多，特别是温度过高时，析出的气体促使更多的铬酸雾形成。这些酸雾基本属于无组织且不定时的排放源，源强的变化也较大。各种电镀的镀液成分不同，铬电镀的镀槽周围铬酸雾的产生量不同，电镀槽有害物质散发率见表 8-8。

一般电镀项目镀槽酸雾产生量可按下式计算。

$$G=KSt\times10^{-6}\cdot(1-\eta)$$

式中　G——产气量，kg；

K——散发率，mg/(s·m^2)，详见表 8-8；

S——镀槽面积，m^2；

t——电镀时间，s；

η——抑雾剂的抑雾效果，取 70%。

根据广东省《大气污染物排放限值》（DB 44/27—2001）规定不得无组织排放，因此应在车间每条生产线上安装引风罩，用离心风机抽出后通过排气筒高空排放，外排铬酸雾应执行表 8-9 的排放标准。

表 8-8 电镀槽有害物质散发率

序号	工艺过程	有害物质	散发率/[mg/(s·m²)]
1	溶液中的铬酸浓度为150～300g/L，电流为1000A情况下的电化学加工(镀铬、阳极酸洗、退铜)	铬酐	10
2	溶液中的铬酸浓度为30～60g/L，电流为1000A情况下的电化学加工(电抛光铝件、钢件)	铬酐	2
3	溶液中的铬酸浓度为30～100g/L，电流为500A情况下的铝、镁化学表面氧化及镁合金阳极氧化	铬酐	1
4	在铬酸及其盐类溶液中，当$t<50$℃时金属的化学加工(钝化、酸洗、去氧化膜、倒铬酸钾等)	铬酐	5.5×10^{-3}

表 8-9 项目外排酸雾执行标准

污染物	最高允许排放浓度/(mg/m³)	最高允许排放速率/(kg/h)		无组织排放监控浓度限值	
		排气筒高度	二级	监控点	浓度/(mg/m³)
铬酸雾	0.050	25	0.023	周界外浓度最高点	0.006
硫酸雾	35	25	4.6	周界外浓度最高点	1.20

根据《简明通风设计手册》，每条生产线的镀槽面积3m×1.5m，K值取5。

经计算，每条生产线铬酸雾无组织排放量为0.0253kg/h，16条生产线铬酸雾产生量约为0.405kg/h。

由上述计算可知，项目电镀项目铬酸雾的排放速率大于表8-9的排放标准，必须经过治理达标后方可排放。此外，运营期间车间内外无组织排放的最高监控点浓度应在0.006mg/m³之内。

另外项目设有6台注塑机，粉碎机密闭粉碎，产生少量粉尘，约为待粉碎料的0.002，产生速率约为0.16kg/h，采用布袋式除尘后，治理效率可达到98%以上，治理前后的粉尘排放速度见表8-10。

表 8-10　塑料粉尘治理前后污染负荷

治理前速度	年产生量	治理后速度	年排放量
0.16kg/h	864kg/a	0.00225kg/h	17.28kg/a

塑料注塑过程由于加热会产生少量有机废气，由于加热温度较低（一般在150～180℃），塑胶废气浓度较低，根据类比分析，臭气浓度低于500稀释倍数（25m高排气筒排放标准6000稀释倍数），经过收集后高空排放即可。

② 员工食堂产生废气　项目建成后有1000个员工在食堂用餐，根据《企业环境统计实用手册》中的有关液化石油气排放系数计算，液化石油气的量为2.39kg/m^2，燃烧产生的污染物排放系数为SO_2 6.3kg/万立方米、TSP 3.523kg/万立方米；按平均每人每月使用5kg液化石油气计算，项目的液化石油气使用量为60t/a，燃料燃烧产生的大气污染物排放量为SO_2 15.82kg/a、NO_x 46.27kg/a、TSP 8.85kg/a。可见液化石油气为清洁能源，排放的污染物浓度远低于排放标准。本项目厨房共设有6个炉头。油烟废气排放量按每个炉头产生2000m^3/h，厨房烹饪时间每天3h计算，则每日油烟产生总量为36000m^3/d，年排放量为$1080\times10^4m^3$（标准状态），油烟浓度12mg/m^3。该油烟经油烟净化器处理后排放，基本不会对周围环境造成影响。

③ 废气排放量汇总　本项目配套建设5套生产废气处理设施，另外在综合楼再增加一套油烟废气处理设施。见表8-11。

表 8-11　项目废气处理设施情况

序号	废气产生源	废气排放量/(m^3/h)	主要污染物
1	塑胶电镀槽(镍和铬)	36000	硫酸雾、铬酸雾
2	五金电镀槽(酸洗、光亮铜和镍槽)	36000	硫酸雾
3	五金电镀槽(铬槽)	18000	铬酸雾
4	五金电镀槽(酸洗、光亮铜和镍槽)	36000	硫酸雾
5	五金电镀废气(铬槽)	18000	铬酸雾
6	食堂废气	12000	油烟

(3) 噪声污染源分析

该项目的噪声源主要是电镀车间的机械噪声，主要来自打磨抛光、冲床、注塑机和通风机设备等，各噪声源源强见表8-12。

表8-12 项目主要噪声源源强

噪声源	声级值范围/dB(A)	噪声源	声级值范围/dB(A)
冲床	85～95	打磨机	80～90
车床	75～85	干燥机	60～75
送排风机	60～75	注塑机	60～75

(4) 固体废物污染源分析

① 工业固体废物　运行期固体废物主要为注塑、五金机加工的边角料，污水处理站污泥、废活性炭和电镀槽废液（污泥）含有大量的重金属污染物，属于危险废物，必须确保安全处置。

电镀废液是电镀槽液经长期使用后积聚了许多杂质金属离子的溶液，为了控制槽液的杂质在工艺的许可范围之内，应更换一部分槽液，补充新槽液。电镀废液中金属离子浓度一般为：Cr^{6+}，90～120g/L，Cu^{2+}，1～5g/L，Ni^{2+}＜3g/L。各企业的电镀槽液通常一年左右更换一次，虽然量很小，但因含有大量金属离子，如直接排放浓度很高，应尽可能在车间内净化回收，杜绝直接排放。根据同类企业类比调查，估算本项目废电镀槽液年产生量约260t/a。

电镀废水处理污泥（干重）：根据类比同类型废水处理设施的类比调查结果，按废水处理量估算，该项目年产电镀污泥32t，按含水率80%计算，湿重约160t/a。

五金加工边角料按0.5%产生率计算，每年产生量约140t，都可以外卖回收利用。塑料加工废品及收集的塑料粉尘和边角料，均可以作为原料再生利用，不作为固体废物计算。

② 生活垃圾　项目职工产生的生活垃圾为餐厅下脚料，按0.5kg/(人·d) 计算，日产生量为500kg，生活污水处理产生少量污泥约3kg/d。项目具体各固体（包含浓废液）废物产生情况见表8-13。

表 8-13　项目固体废物产生情况

序号	固体	类别	产生量/(t/a)
1	五金边角料	一般废物	140
2	五金件抛光打磨粉尘	一般废物	90
3	电镀废水处理污泥(干重)	危险废物	32
4	各镀槽的电镀废液和污泥	危险废物	260
5	生产废水处理废活性炭	危险废物	20
6	生活污水处理废活性炭	一般废物	3
7	生活区垃圾	一般废物	150
8	生活污水处理污泥	一般废物	0.9

4. 污染防治措施

(1) 废水污染防治措施

① 生产废水防治措施　汽车配件生产工艺废水重要来自于配套电镀工序，该废水较为复杂，将使用集水系统进行处理。集水系统主要是针对各类废水的特性其相应的处理程序不一样，所以在设厂时电镀车间的排水收集必须切实做好分流，以保障废水处理效果。于此将电镀车间的排水分成 3 大类各别收集引入个别的调匀池，其中 4 大类分别为：铬系废水；镍系废水；氰系废水；综合废水。处理工艺流程见图 8-10。

处理方法说明如下。

A. 含铬废水处理工艺　电镀废水中的铬主要以 Cr^{6+} 的形式存在，若采用化学沉淀法除去废水中的 Cr^{6+}，必须先将其氧化为 Cr^{3+}，才能进一步化学沉淀去除。Cr^{6+} 的还原反应在酸性条件下较快，因而，先将车间含铬废水收集到含铬废水集水池，进行水质水量调节，然后进行破铬反应，加入硫酸和亚硫酸钠，使六价铬被彻底还原成三价铬，同时用空气搅拌加快反应速度。最后，再把破铬后废水加碱、PAM、PAC 进行中和沉淀反应，沉淀后废水经过

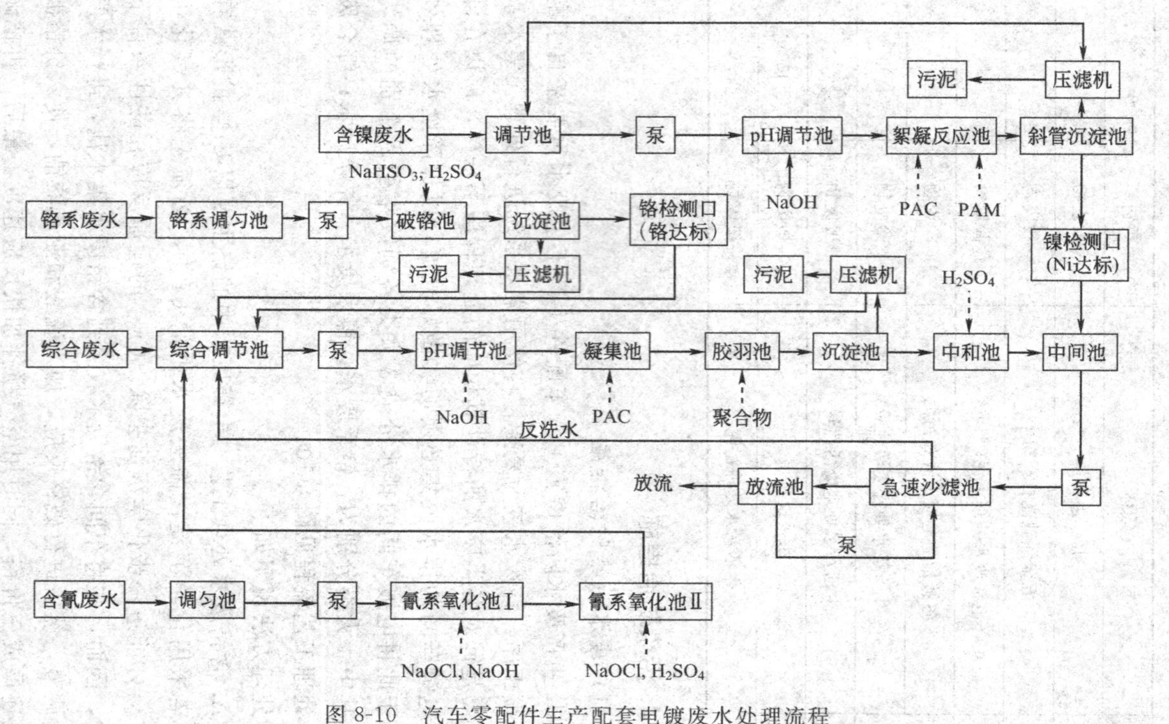

图 8-10 汽车零配件生产配套电镀废水处理流程

pH 中和调节铬达标后再排入综合废水调节池。沉入沉淀池底的污泥经污泥压滤机干化后外运处理。该工艺具体反应方程式如下。

$$2CrO_4^{2-}+3Na_2SO_3+3H_2SO_4+4H^+ = Cr_2(SO_4)_3+3Na_2SO_4+5H_2O$$

$$Cr_2(SO_4)_3+6NaOH = 2Cr(OH)_3\downarrow+3Na_2SO_4$$

B. 综合废水的处理　包括车间酸性废水、破氰后的废水和破铬之后的废水，皆纳入综合调节池，调整 pH 使重金属沉淀，再加入混凝剂（铝盐）和助凝剂 PAM，进入沉淀池进行固液分离，沉淀池出水经过砂滤机过滤，再经过活性炭过滤除去部分有机物，活性炭定期更换，最后出水经过中和 pH 达到 6～9 之后排放，沉淀池污泥定时抽至污泥浓缩池，最后经压滤机脱水处理。

C. 含氰废水的处理　采用氯碱法，将含氰废水收集到反应槽，反应分两段进行，第一段用 pH 仪控制苛性碱加入量，使 pH>10，加入漂水破氰，用 ORP 仪表监控氧化还原电位，反应时间为 10～15min，ORP 值达到 300mV 可以认为反应完成，第二段调节 pH 至 7～9，加入漂水用 ORP 仪表监控氧化还原电位达到 650mV，使氰化物在最佳条件下被彻底破除，反应时间 15～30min，同时用空气搅拌加快反应速率。

沉淀池污泥每天定时排往污泥池，由板框压滤机进行脱水干化，泥饼外运填埋，滤液回调节池重新处理。

D. 含镍废水的处理　含镍废水在反应池中由 pH 控制加入片碱加入量，使 pH 达到 9 以上，同时加入絮凝剂、混凝剂等加快沉淀，经反应后自流进入斜管沉淀池，在沉淀池实现泥水分离，废水经过镍检测口检测达标后，排入砂滤池综合处理。

② 生活污水防治措施　主要处理职工宿舍排放的生活污水、办公室及车间内的厕所排放的生活污水，设计处理能力为 650m³/d，具体处理工艺流程见图 8-11。

全系统包括格栅、调节池、生物膜曝气池及滤池。职工生活污水首先进入酸化调节池，进行水质水量的调节和预处理，通过泵的提升，把调节池废水打入良机生物接触氧化池，再生物接触氧化池内，投入高效微生物，废水中的有机污染物，在曝气条件下，被池

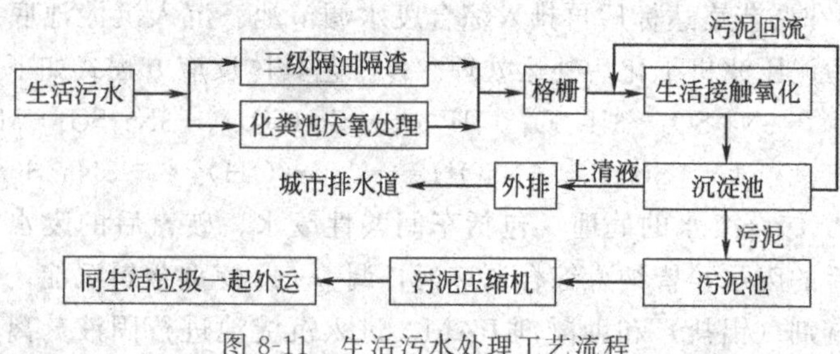

图 8-11 生活污水处理工艺流程

内的微生物降解矿化为 CO_2 和 H_2O，生物接触氧化池出水经滤池过滤后，达到相关的排放标准，可以外排到市政水道，污泥排入污泥池，再经过压滤机压干后外运。

本方案处理出水尚不能够达到回用水水质标准，需要增加深度处理措施。建议增加活性炭吸附及消毒处理工序。

（2）废气污染防治

项目配套废气处理设施主要对电镀车间的各种废气进行处理，其中包括镀铬槽挥发的微量含铬废气、酸洗工序产生的含酸雾、注塑工序少量的有机废气和工件打磨抛光的产生的粉尘等。本项目将根据车间废气排放的浓度及集中程度，将车间废气分成四部分进行处理。

① 铬酸雾 镀槽产生的铬酸雾废气（主要是含铬废气）采用铬雾处理塔进行吸收处理。铬雾处理塔主要是用喷淋吸收法，它利用了水的表面张力的性质，由于含铬等废气与喷淋液互相接触时水的表面张力可捕集废气分子，被捕集后的粒子由于重力沉降，从而达到去除电镀废气的效果。

② 酸性气体（硫酸雾） 酸性废气采用酸雾吸收塔进行吸收处理，主要是利用了酸碱中和原理，当酸性气体与碱液相互接触时产生中和反应从而达到处理酸性气体的效果。酸碱中和时主要利用酸性气体（主要是硫酸雾）的酸性性质，选用碱性液体利用中和反应进行吸收处理。

③ 有机气体 采用吸附法进行处理，使用活性炭作为吸附剂。

吸附法是利用吸附剂的表面力把有机废气吸附在吸附剂表面，以净化生产过程中排出的废气。废气的分子量越大，沸点越大，浓度越高，温度越低，则吸附剂的吸附容量越大，吸附周期越长。吸附达到饱和时，可用加热、减压等方法等吸附剂再生。吸附法适用于低浓度有机废气的净化，也可用于高浓度有机废气回收。

④ 抛光打磨粉尘　喷淋吸收法处理抛光粉尘废气是利用了水的表面张力的性质，当含抛光粉尘废气与喷淋液互相接触时水的表面张力可捕集粉尘粒子，被捕集后的粉尘粒子由于重力作用沉降，从而达到除去该废气的效果。

有机气体和抛光打磨粉尘气体统称为其余工序产生的混合气体，该气体用主风机抽吸至处理房进行吸收处理。该处理房前段采用喷淋法以除去其中的抛光打磨粉尘，后段采用吸附法除去剩余的有机气体。

各种废气的处理工艺流程见图 8-12。

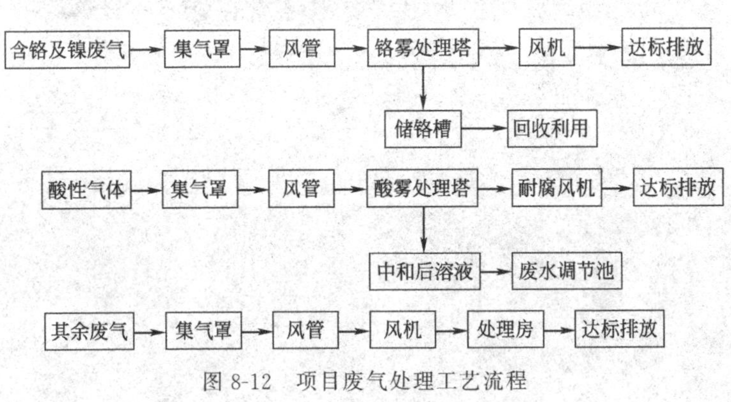

图 8-12　项目废气处理工艺流程

通过采取以上措施，车间废气排放可以得到有效治理，使其各项指标都能达标排放。

思考与练习

1. 本案例的五金制品电镀、塑料制品电镀分别有哪些主要工艺流程？ 各自产生什么污染物？

2. 电镀废水有哪些主要种类？ 各自有什么特征？ 有哪些主要的废水治理措施？

3. 为了开展本案例中的污染源分析工作，需要向建设单位搜集哪些基础资料和数据？

案例九　水泥项目污染源分析案例

一、行业背景

1. 行业发展情况

水泥是国民经济的基础原材料，是人类社会的主要建筑材料，各项基本建设都需要消耗大量的水泥产品。改革开放以来，我国经济一直维持高速发展，对水泥产品的需求也一直在高速增长。因此，水泥工业是我国国民经济中重要的支柱产业之一，国家和地方为此出台许多产业政策和专项发展规划，鼓励石灰石资源丰富且市场未饱和的地区采用高新技术发展大型水泥项目，淘汰落后技术、产品和设备。

水泥工业可分为单纯的熟料生产、单纯水泥粉磨生产、从熟料到水泥粉磨一体化生产、单纯的水泥制品生产、混凝土搅拌站等几种类型。

水泥熟料生产是利用石灰石、黏土和铁质料等原料磨成粉状生料后，进入煅烧窑煅烧，使之成为熟料，并把它作为商品销售给水泥粉磨企业。

水泥粉磨生产是以购买的商品熟料作原料，添加石膏、粉煤灰和混合材料后，进入粉磨机进行磨粉并使之混合均匀，成为水泥产品，可以销售到所有建筑工程施工单位或混凝土搅拌站、水泥制品生产企业使用。

从熟料到水泥粉磨一体化生产则是熟料生产厂家直接配置水泥粉磨生产设备，熟料不再作为产品销售，而是继续加工成为水泥产品。

水泥制品生产是以水泥产品为主要原料，根据不同类型建筑工程施工的具体需要，添加不同比例和规格的沙石、钢筋后生产各种规格的钢筋混凝土预制板、箱梁、轨枕等产品。

混凝土搅拌站则是以水泥产品为主要原料，添加沙石、水等辅料后，进入搅拌机搅拌出可供建筑施工直接使用的商品混凝土。

2. 国家水泥工业产业发展政策

国家发展改革委员会最新修订生效的《产业结构调整指导目录（2011年本）》的规定，“利用现有2000t/d及以上新型干法水泥窑炉处置工业废物、城市污泥和生活垃圾，纯低温余热发电；粉磨系统等节能改造”属于鼓励发展内容。

《产业结构调整指导目录（2011年本）》规定，“2000t/d以下熟料新型干法水泥生产线，60万吨/年以下水泥粉磨站”，“10万立方米/年以下的加气混凝土生产线”，“100万立方米/年及以下预应力高强混凝土离心桩生产线”，“预应力钢筒混凝土管（简称PCCP管）生产线：PCCP-L型：年设计生产能力≤50km，PCCP-E型：年设计生产能力≤30km”属于限制发展的内容。

《产业结构调整指导目录（2011年本）》规定，“窑径3m及以上水泥机立窑（2012年前淘汰）、干法中空窑（生产高铝水泥、硫铝酸盐水泥等特种水泥除外）、立波尔窑、湿法窑”，“直径3m以下水泥粉磨设备”，“无复膜塑编水泥包装袋生产线”，“单班1万立方米/年以下的混凝土砌块固定式成型机、单班10万平方米/年以下的混凝土铺地砖固定式成型机”，“手工切割加气混凝土生产线、非蒸压养护加气混凝土生产线”，“使用非耐碱玻纤或非低碱水泥生产的玻纤增强水泥（GRC）空心条板”，“S-2型混凝土轨枕”等属于要淘汰和禁止生产的内容。

3. 广东省水泥工业发展专项规划

到2010年底，广东全省共有水泥生产企业290家，其中水泥熟料生产企业230家，水泥粉磨生产企业60家。2010年，按规模以上企业统计，全省水泥产量11551万吨，居全国第六位；熟料产量8301万吨，居全国第三位。2010年全省水泥消费量约1.3亿吨，约占全国总消费量的7%，居全国前列。

2010年，广东新型干法水泥熟料的实际产量达5915万吨，占全省熟料总产量的71.26%，提前完成国家下达的“十一五”期间淘汰3200万吨落后产能的任务，累计淘汰近6000万吨。广州、深圳、珠海、佛山、惠州、东莞、中山、肇庆、云浮等九市的落后水泥产能已全部关闭退出。水泥工业向经济欠发达地区转移的步伐加快，逐步形成了粤北、粤西、粤东三大水泥熟料生产基地，产业布局调整成效显著。珠三角地区充分利用市场优势、便利的水陆交通优势以及丰富的混合材资源，着重发展粉磨站，水泥粉磨站产能已占全省粉磨站总产能的59%，逐步形成了成品加工与熟料基地生产相衔接的发展模式。

但是，广东水泥工业目前存在结构性矛盾，一是落后产能比重大。2010年落后水泥产能比例为37%，先进的新型干法熟料产能比例低于全国平均水平19个百分点。二是企业集中度低。2010年全省规模以上水泥企业平均产量37万吨，低于全国44万吨的平均水平。规模100万吨以上的水泥熟料企业12家，熟料总生产能力占全省的50.6%；规模500万吨以上水泥企业仅5家。

根据2011年5月正式颁布的《广东省水泥工业发展专项规划》，在广东省管辖区域内有下列关于水泥行业发展的原则性规定。

(1) 坚持合理利用资源，保护生态环境

建设大中型水泥项目必须有可靠的资源保障。新建水泥生产线必须有充裕的石灰石矿山资源保证，规范设计，合理开采。重视资源综合利用，鼓励企业利用低品位的原料和燃料、工业废渣、污泥等进行水泥生产，发展循环经济。新建水泥熟料生产线必须同步配置高效可靠的余热利用装置，减轻环境负担。

(2) 坚持技术进步，提高行业竞争力

鼓励企业利用先进适用技术、工艺、装备，建设环保和节能型水泥工业。鼓励在资源、交通运输和环境保护等条件适宜的地方，通过置换淘汰落后产能存量建设日产熟料≥5000t的大型新型干法水泥生产线；禁止建设日产熟料2500t以下规模的水泥生产线（特种水泥除外）和新建、扩建任何落后工艺的水泥生产能力；三年内基本淘汰全省落后水泥产能，加快淘汰能耗、环保不达标的水泥生产设备和工艺。

（3）坚持合理布局，实现科学发展

水泥工业的发展要综合考虑当地的水泥发展规划、经济发展水平、市场需求、资源、能源、交通和环境容量等因素，做到合理规划，科学有序发展。重点扶持发展粤北（清远、韶关）、粤西（肇庆的山区、云浮）、粤东（惠州的山区、梅州、河源）“三大水泥熟料生产基地”；支持有条件地区建设处置工业废物、城市垃圾和污泥的大型水泥生产线，禁止在珠江三角洲区域内新建同质化的水泥熟料生产线；支持在靠近市场、有稳定的熟料供应、混合材就地获取、物流成本低的地区适量建设年产水泥≥100万吨的大型水泥粉磨站或大型新型干法水泥生产企业在异地建设水泥配制站，总体建设规模以满足本地区的市场需求为限。三大熟料基地内原则上不再新建水泥粉磨站和水泥配制站。

（4）坚持等量淘汰，优化产业结构

坚持“发展和淘汰”并重齐抓，以调整产业结构为主线，在发展新型干法水泥的同时，加快淘汰落后水泥产能。必须坚持“上大压小、等量淘汰”的原则，新建项目企业或所在地政府要按项目建设规模承诺等量淘汰落后水泥产能（本地级市辖区内落后水泥产能已全部淘汰退出除外），并有可操作的保障措施；已承诺淘汰未能兑现的地区水泥建设项目缓批或限批。

（5）坚持体制创新，做大做强产业

鼓励现有水泥企业间的重组联合。支持大企业对中小水泥企业并购重组，协助淘汰落后工艺，优化存量产能，发展建筑部品构件、墙体材料、预拌混凝土、干混砂浆等下游产品，延伸产业链，推动广东省水泥工业实现由大到强转变。

《广东省水泥工业发展专项规划》还对水泥工业的地区发展布局作出了规定，根据各市的经济发展状况、市场需求、资源分布和交通运输条件，广东省水泥工业重点建设粤北、粤西、粤东三大水泥熟料生产基地。具体区域布局规划如下：

① 珠三角地区 原则上不得新建同质化的水泥熟料项目，在混合材资源丰富且交通方便的区域按照市场需求量适当布局建设规模100万吨以上大型水泥粉磨站或大型水泥配制站；可建设适量的大型新型干法水泥窑处置工业废弃物、城市垃圾、污泥。

② 粤北地区 要充分发挥石灰石资源丰富和小水电丰富的优势，有序发展新型干法水泥，原则上不得新建水泥粉磨站。争取到2015年底前，新型干法水泥熟料产能达到3600万吨左右，占全省32.73%。

③ 粤西地区 要进一步加强矿山资源地质勘探工作，集中力量在西江沿岸地区开发优质大型的石灰石矿床，以满足粤西地区水泥生产需要。湛江、茂名等市可充分利用茂名丰富的页岩渣资源发展水泥项目，通过置换落后水泥产能的模式适度建设大型水泥生产线和大型水泥粉磨站。争取到2015年底前，新型干法水泥熟料产能达到3900万吨左右，占全省35.45%。

④ 粤东地区 要进一步加强资源地质勘探工作，加快新型干法水泥项目的建设，尽快形成“粤东水泥生产基地”。在石灰石资源紧缺的潮州、揭阳、汕头、汕尾等市，适度建设大型水泥粉磨站。争取到2015年底前，新型干法水泥熟料产能达到2800万吨左右，占全省25.46%。

二、案例分析

前面提到水泥工业有多种产品生产种类，这里仅以典型的新型干法回转窑生产水泥熟料-水泥粉磨一体化水泥产品生产为例（广东省某大型水泥企业的一条生产线），介绍其生产工艺流程及其产污环节。

1. 项目概况

（1）建设地点

项目主厂区位于广东省某市的西江东岸；配套石灰石矿山位于广东省某市的某石灰石矿区。

（2）项目四至情况

项目主厂区北部隔一小山（海拔高度 98.3m）与新屋居民点相接，其北部边界距该居民点最近距离 305m；主厂区西南部的熟料散装码头装卸区边界与龙湾居民点相距约 255m；主厂区其余边界都和小山丘相接，边界外 800m 范围没有居民等敏感点。

项目配套石灰石矿山开采边界西部隔山峰与省道 S266 线相望；北部边界连接少量农田后与另一石灰石矿山相望；东南边界连接农田，并与 500m 远的荔枝村相望。

（3）建设计划、建设规模及产品方案

本项目计划建设一条日产 4500t 的新型干法水泥熟料生产线及其配套水泥粉磨和余热发电设施，计划建设总投资 69380.90 万元，2008 年 3 月开始建设，2008 年 12 月建成投产。预计年产水泥熟料 148.50 万吨，年产水泥 160.00 万吨，其中 P.O 42.5 普通硅酸盐水泥 128.00 万吨、P.C 32.5 复合硅酸盐水泥 32.00 万吨；另外年销售商品熟料 18 万吨，余热电站年发电量为 6048×10^4kW·h。

（4）原辅材料及产品运输方式

项目用煤、部分辅助材料及产品（散装水泥和少量商品熟料）主要经水路运输，石灰石原料全部用自建皮带廊运输。项目用粉煤灰等辅料及少量包装水泥用汽车公路运输。具体情况如下：

① 水路运输　本项目西临西江，规划配套建设专用码头，500～1000t 的货船可以从码头直通珠江三角洲。熟料及水泥生产线用煤、部分辅助原料及水泥和熟料产品主要通过西江水路运输。

码头与生产线之间物料装卸全部用密封式皮带输送。

② 公路运输 厂区东北侧距321国道约2km，并距高速公路出口处约7km，通过上述公路可通往全国各地。

本次工程的汽车运输主要为砂页岩、铁矿砂、粉煤灰及少量包装水泥等物料的运输。计划在厂址东北部修建连接国道至厂区全长约2.3km的公路，充分利用现有简易公路作路基，改造扩建为15m宽的一级汽车专用运输道路。在厂区平面布局设计中考虑了两条物料运输道路，以方便厂内汽车物料的分流运输。除了合作单位车辆进出外，工厂还配备专门的汽车运输队，确保生产所需辅料正常供应。

③ 石灰石原料皮带廊运输 配套石灰石矿山为该市某矿区，所需石灰石计划在矿区初步破碎后用自建的约50km长的双层密封式长胶带输送皮带廊运输进厂。

(5) 占地面积与平面布局

根据项目可研报告提供的有关资料，本项目主厂区一期工程总用地面积为60.4hm^2（包括码头用地、二期预留用地及厂前区用地），其中农地转用地51.66hm^2（含耕地9.5733hm^2，林地35.64hm^2，园地6.1867hm^2，其他农用地0.26hm^2），建设用地8.74hm^2。

项目主厂区一期工程总建筑面积118960m^2，各类堆场及操作场面积68150m^2，道路及广场占地面积65200m^2，厂区绿化面积90600m^2，绿化率为15%。

(6) 劳动定员与工作制度

本项目的生产岗位定员是按工艺过程需要，采用岗位工和巡检工相结合的方式配置，实行三班连续周运转。工人工作制度为每人每周工作5天，每天工作8小时，每班生产工人及生产管理人员120人，补缺勤人员按生产工人的7%配备。

全厂总定员350人，其中生产工人288人（包括矿山开采工人），占82.3%，管理人员和技术人员46人，占13.1%；后勤服务人员16人，占4.6%。

全年每年正常生产330天，另有35天左右时间停窑维修。

(7) 项目建设内容及组成情况

① 建设内容　根据建设单位委托，纳入本次评价范围的项目建设内容主要是位于水泥生产主厂区和配套石灰石矿区。项目主厂区主要建设一条带9000kW纯低温余热发电的4500t/d熟料新型干法预分解回转窑水泥生产线及其配套设施，并预留第二条生产线的建设用地。其中原辅材料堆场按照两条生产线所需规模进行建设。另外，原煤预均化堆场、机电维修站及综合材料仓库、办公与生活等配套设施，都按照基地规划的六条4500t/d熟料生产线所需规模一次性建成。

项目配套石灰石矿区按照四条4500t/d生产线生产30年所需石灰石规模（约2.3亿吨）进行规划、勘查和评价。项目配套石灰石矿石运输方式规划采用密封式长胶带皮带廊，具体路线走向待定，建设单位计划在路线确定后另行单独申报环保审批。

项目配套专用码头设施具体位置尚待有关部门预审，建设单位计划在落实有关码头选址后另行单独申报环保审批。

② 项目组成　见表9-1。

2. 新型干法回转窑水泥生产工艺流程

从石灰石矿山采掘和初步破碎的石灰石可通过汽车运输、吊挂式缆车、密封式皮带廊等方式输送至生产厂区的原辅材料堆场。

运到厂区的石灰石原料及另外采掘或购置的黏土、废铁屑（或铁矿砂）、石英砂（河砂）等辅助原料，要先进性破碎、均化，再按照其均化后的平均品质进行合理配方后一起进入生料磨磨成粉状生料，并烘干其水分。

烘干和混合均匀的生料可以进入带预热分解器的新型干法回转窑进行煅烧，煅烧产品就是熟料。此时要把煤预热分解后加入窑内作为热能来源。高温熟料要进行冷却和破碎后才能成为可利用的熟料中间产品。

表 9-1　项目组成

<table>
<tr><th>工程类别</th><th colspan="2">名称</th><th colspan="2">规格型号、规模、数量或内容说明</th><th>备注</th></tr>
<tr><td rowspan="16">主体工程
(水泥生产)</td><td colspan="2">生产线规模及数量</td><td colspan="2">4500t/d熟料新型干法水泥生产线一条</td><td></td></tr>
<tr><td rowspan="7">熟料生产组成单元</td><td>石灰石预均化堆场</td><td colspan="2">长形预均化堆场65m×400m，储量2×53000t</td><td>含二期</td></tr>
<tr><td>辅助原料堆场及堆棚</td><td>长形预均化堆场
砂页岩48m×220m，储量2×13500t
河沙48m×80m，储量2×6000t
铁矿砂48m×80m，储量7200t</td><td>堆棚
130m×80m
2个</td><td>含二期</td></tr>
<tr><td>原煤预均化堆场</td><td colspan="2">长形预均化堆场60m×370m，储量2×15000t</td><td>基地共用</td></tr>
<tr><td>原料粉磨系统</td><td colspan="2">进口辊式磨</td><td></td></tr>
<tr><td>生料均化库</td><td colspan="2">圆库ϕ22.5m×62m，储量20000t</td><td></td></tr>
<tr><td>熟料烧成系统</td><td colspan="2">ϕ4.8m×72m回转窑</td><td></td></tr>
<tr><td>熟料库</td><td colspan="2">圆库ϕ60m，储量100000t</td><td></td></tr>
<tr><td rowspan="4">水泥粉磨单元</td><td>石膏及硅石堆场</td><td colspan="2">面积3000m^{2}和面积6500m^{2}各一个</td><td></td></tr>
<tr><td>水泥粉磨</td><td colspan="2">磨机ϕ4.2m×11.5m，辊压机CLF140-65</td><td></td></tr>
<tr><td>水泥包装</td><td colspan="2">八嘴回转式包装机</td><td></td></tr>
<tr><td>散装水泥库</td><td colspan="2">圆库ϕ18m，6个，储量6×6600t</td><td></td></tr>
<tr><td rowspan="3">余热电站</td><td>窑头AQC余热锅炉</td><td colspan="2">带灰预沉降室，锅炉蒸发量18.426t/h</td><td></td></tr>
<tr><td>窑尾SP余热锅炉</td><td colspan="2">锅炉蒸发量25.109t/h</td><td></td></tr>
<tr><td>汽轮发电机组</td><td colspan="2">发电功率：9000kW，年发电量：6048×10^{4}kW·h</td><td></td></tr>
<tr><td>辅助工程</td><td colspan="4">机电维修站，综合材料库，窑体耐火材料库，中央化验室，中央控制室</td><td>基地共用</td></tr>
</table>

续表

工程类别	名称	规格型号、规模、数量或内容说明	备注
公用工程	供水工程	给水处理装置两套，处理能力各为100m³/h，新鲜供水能力4800m³/d，配套消防供水站	
	排水工程	雨污分流设计，污水收集进入废水处理站	
	供电工程	原自长岗变电站及余热电站，设置110kV总降压配电站及各用电单元10kV降压配电站	
		窑体供电备用柴油发电机，功率1340kW	二期共用
环保工程	除尘设施	窑头、窑尾废气四级静电除尘，其余布袋除尘	
	消声降噪设施	设备降噪及工人个人防护	
	污水处理与回用设施	设置废水处理及循环水系统站	
	厂区绿化	绿化率15%	
	矿山绿化与复垦	水平分层开采，采终区及时进行绿化复垦	
储运工程	石灰石矿山	石灰石探明储量2.3亿吨	
	石灰石运输	双层密封式皮带廊（基地共用）	另行申报环保审批
	专用码头	西江边煤、熟料、散装水泥、辅料4个专用码头	
	公路连接线及汽车运输队	约2.3km厂区连接321国道的公路，汽车运输辅料和包装水泥	
办公及生活设施	办公楼	建筑面积900m²	基地共用
	倒班宿舍	建筑面积1200m²	
	食堂及浴室	建筑面积800m²	

成品熟料再和石膏、粉煤灰、混合材（石灰石）等添加剂按一定比例配方一起送入水泥磨进行粉磨，就可得到水泥产品。此时可以进一步通过包装机加工成袋装水泥产品销售，也可直接装入散装水泥运输车作为散装水泥销售。

新型干法回转窑的特点是，窑内高温含尘废气（1200～1300℃）先通过预热分解器使之成为煤预热升温的热源加以利用，从预热分解器出来的窑内废气（一般称为窑尾废气）已经降至330℃左右，此时可作为余热发电的SP锅炉的热源加以利用然后再进入生料磨作为烘干热源，使得最后从生料磨出来进入除尘器的烟气温度降至150℃左右，有利于延长除尘器的使用寿命。同时在生料磨内烟气中SO_2和生料中的碳酸钙反应生成石膏，从而也达到显著脱硫效果。窑炉熟料煅烧成型后由于温度高（约1000℃），需要采用大量空气冷却后才能入库存储。熟料冷却过程采用空气直接换热产生的废气温度约360℃，此时大部分可作为余热发电的AQC锅炉热源加以利用，少部分可以作为煤磨烘干热源加以利用。新型干法回转窑水泥生产工艺流程及产污环节见图9-1。

（1）*石灰石破碎与预均化堆场*

石灰石破碎可设在采矿的矿区，通过运输工具输送到厂区石灰石预均化堆场。

石灰石在长形预均化堆场内通过侧式悬臂堆料机进行分层堆料，由桥式刮板取料机取料后经带式输送机送至设在原料配料站的石灰石配料库储存。

（2）*辅助原料破碎及输送*

砂页岩经自卸汽车运进厂区后，存放在辅助原料露天堆场，由装载机喂入卸车坑，经板式喂料机喂入一台反击破碎机中破碎，破碎机能力300t/h，破碎后的砂岩经带式输送机送至辅助原料预均化堆场。铁矿砂和河砂经自卸车运入厂区后，与破碎后的砂页岩共用一条胶带输送机送至辅助原料预均化堆场。

（3）*辅助原料预均化堆场*

砂页岩、铁矿石、河砂三种物料共用一个带盖长形预均化堆场，利用侧式悬臂堆料机进行分层堆料；由侧式刮板取料机取料，取出的辅料由带式输送机送至原料配料站各自配料仓。

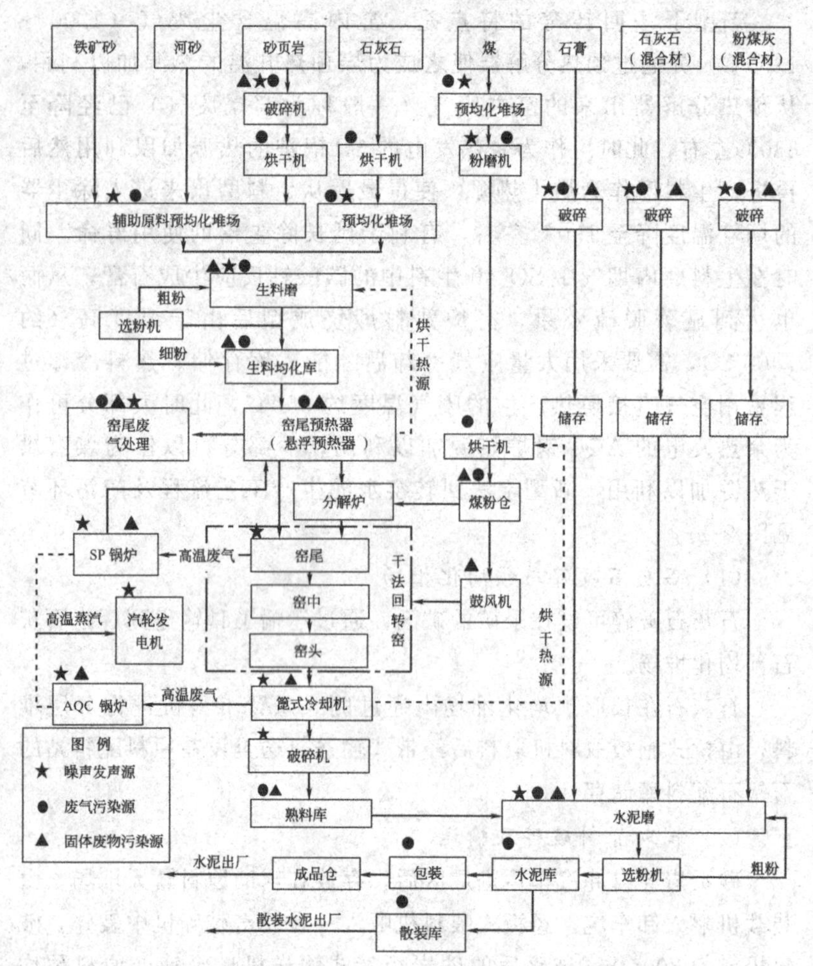

图 9-1 新型干法回转窑（带余热发电）水泥生产工艺流程及产污环节

（4）原煤预均化堆场

外购的原煤由船运送至码头，在码头卸船后送至码头旁边原煤堆棚，也可直接送至原煤预均化堆场，原煤用一个带盖长形预均化堆场，利用侧式悬臂堆料机进行分层堆料；预均化后的原煤由桥式取料机取料经带式输送机送至煤粉制备车间。

(5) 原料配料站

本工程每两条4500t/d熟料生产线共用一个原料配料站，原料配料站采用四组分配料，设置石灰石、砂页岩、铁矿石、河砂四个配料库，各配料库底分别设置两套定量给料机，四种原料分别由各自的定量给料机按配料要求的比例卸出，配合料经带式输送机、分别送至原料粉磨系统。在两条入磨带式输送机上均设有电磁除铁器，以去除原料中可能的铁件。在带式输送机靠头部附近设有金属探测器，检测原料中是否残存铁件，一旦发现金属件，经皮带机头部分料阀旁路卸出，以确保立磨避免受损。

(6) 原料粉磨与废气处理

原料粉磨与废气处理系统采用一套三风机辊式磨系统，系统粉磨能力400t/h。利用来自窑尾预热器经余热锅炉还热后，热废气作为烘干热源，物料在磨内进行研磨、烘干，从辊式磨风环中落下的块料由卸料设备、斗式提升机送回辊式磨继续粉磨。出立磨的气体携带合格的生料粉，经旋风分离器分离后，收下的生料经空气输送斜槽、斗式提升机送入生料均化库。含尘废气一部分作为循环风返回磨中，其余的与来自增湿塔的废气混合后进入窑静尾电收尘器，净化后的气体排入大气。

在原料磨停止运行时，废气由增湿塔增湿降温后，全部进入窑尾静电收尘器。增湿塔喷水量将自动控制，使废气温度处于窑尾静电收尘器的允许范围内。经收尘器净化后废气由排风机排入大气，粉尘排放浓度≤$50mg/m^3$（标准状态）。

由增湿塔收集下来的窑灰，经输送设备送至生料入窑喂料系统或生料均化库。

(7) 生料均化及生料入窑

生料均化系统分别设置一座ϕ22.5m连续式生料均化库储存和均化生料，其储存量为20000t。库中的生料经过交替分区充气卸至混合室，生料在混合室中被充气搅拌均匀。所需的压缩空气由配置的罗茨风机供给。均化后的生料粉通过计量系统计量后，分别经空气输送斜槽、斗式提升机，分料阀、锁风阀分别喂入每套双系列预热器的两个进料口中。

(8) 熟料烧成系统

烧成车间由五级双系列悬浮预热器、分解炉、回转窑、箅式冷却机组成，日产熟料4500t。喂入预热器的生料经预热器预热和分解炉中分解后，喂入窑内煅烧；出窑高温熟料在水平推动箅式冷却机内得到冷却，大块熟料由破碎机破碎后，汇同漏至风室下的小粒熟料，一并由熟料链斗输送机送入熟料库储存。通过熟料床的热空气除分别给窑和分解炉提供高温二次风及三次风外，小部分作为煤磨的烘干热源，大部分较高温度废气将采用低温余热发电系统充分利用余热后与系统剩余废气经静电收尘器或布袋收尘器净化后由排风机排入大气，粉尘排放浓度≤50mg/m^3。

(9) 熟料储存及输送

设置一座ϕ60m圆库储存熟料，储量为100000t。熟料经库底卸料装置卸出后，共用由耐热长胶带送至码头。

(10) 石膏混合材破碎、水泥配料站

石膏和用作混合材的石灰石由自卸汽车运进厂区，卸入堆棚内储存。石膏和石灰石由装载机运至锤式破碎机的受料斗中，破碎后的石膏和混合材经带式输送机送至水泥配料站的相应配料库中。另一种混合材粉煤灰由散装汽车送至粉煤灰配料库，根据配比要求将粉煤灰直接喂入水泥磨磨头。

水泥配料站设有熟料、石膏、石灰石三座配料库，各配料库库底均设有电子皮带秤。根据生产水泥的品种，三种物料按照预定配比配好后，经带式输送机分别送入两套水泥粉磨系统。

(11) 水泥粉磨及输送

水泥粉磨系统采用二套由辊压机和管磨组成的水泥半终粉磨系统，辊压机规格为RP140×65，磨机规格为ϕ4.2m×11.5m，每套粉磨系统能力140t/h。

由配料站送来物料与辊压机卸出物料，经斗式提升机及带式输送机送入V形选粉机分选，粗料直接卸至辊压机中间仓，半终水泥成品由旋风筒收集后，喂入磨机粉磨。

出磨水泥经斗式提升机和空气输送斜槽送入高效选粉机。粗粉经空气输送斜槽返回磨内重新粉磨。成品水泥由高效袋收尘器收集，经空气输送斜槽送至水泥库。出磨废气与各处扬尘废气作为选粉用一次和二次风。净化后的废气由系统风机排入大气。粉尘排放浓度≤30mg/m^3。

(12) 水泥储存、水泥包装及散装

考虑到生产品种的多样性，采用六座ϕ18m圆库储存水泥，总储量48000t，储期10d。库底卸出的水泥经空气输送斜槽、斗式提升机送至水泥包装和水泥汽车散装车间。

水泥包装车间设有两台八嘴回转式包装机，包装好的袋装水泥既可直接由汽车装车发运，也可送至成品库储存。水泥汽车散装车间设有四套水泥汽车散装机，可同时供四辆散装汽车装车。水泥库底，水泥页可通过斜槽和提升机送至河岸，经过计量后，卸入散装船。

(13) 煤粉制备和输送

来自原煤预均化堆场的原煤由胶带输送机送至煤磨的原煤仓。经仓底电子皮带秤计量后，喂入风扫煤磨中粉磨。粉磨后的煤粉随气流进入动态选粉机分级，粗料经动态选粉机分离后送返磨中继续粉磨，成品煤粉经袋式收尘器收集后由螺旋输送机分别送至窑头和窑尾用的煤粉仓中储存。煤粉仓中的煤粉经计量秤计量后，由罗茨风机分别送至窑头及分解炉煤粉燃烧器。

采用冷却机的废气作为煤磨的烘干热源。

煤粉仓及气箱脉冲袋式除尘器均设有CO检测器装置，并备有一套CO_2自动灭火装置，煤粉仓及除尘器等处均设有防爆阀。

煤粉经计量后分别送往窑头燃烧器和窑尾分解炉燃烧。含尘气体经净化后由排风机排入大气，粉尘排放浓度≤50mg/m^3。

（14）辅助生产车间

为满足生产需要，本工程设一座中央化验室，负责全厂原燃料、半成品和成品的物理、化学性能检验和生产过程的质量控制；设一座压缩空气站供全厂生产用压缩空气。

（15）余热锅炉提供蒸汽发电

为了充分利用窑头和窑尾高温烟气的余热，在熟料生产线的窑头、窑尾各设置一台 AQC 锅炉、SP 锅炉生产高温蒸汽提供给一台 9MW 的汽轮发电机组发电。余热发电不仅节省了能源消耗，同时也使最后进入除尘器的烟气的温度和粉尘浓度显著降低，有利于除尘器效率和使用寿命的提高。

3. 主要生产设备

（1）水泥生产线设备（见表 9-2）

表 9-2 水泥生产线主要生产设备

序号	项目名称	主机型号、规格	台数	装机容量/kW	年利用率/%	备注
1	石灰石长形预均化堆场	侧式悬臂堆料机，堆料能力为 2200t/h	1	约 220	23.4	
		桥式刮板取料机，取料能力为 900t/h	1	150	46.9	可供两条线用
2	砂页岩破碎	反击式破碎机，进料块度为≤600mm，出料粒度为≤80mm 占 90%，生产能力为 300t/h	1	300	29.1	可供两条线用
3	辅助原料预均化堆场	侧式悬臂堆料机，堆料能力为 400t/h	1	65	16.6	可供两条线用
		侧式刮板取料机，取料能力为 250t/h	1	115	19.9	可供两条线用
4	原煤预均化堆场	侧式悬臂堆料机，堆料能力为 300t/h	1	65	8.5	可供两条线用
		桥式刮板取料机，取料能力为 200t/h	1	115	25.5	可供两条线用

续表

序号	项目名称	主机型号、规格	台数	装机容量/kW	年利用率/%	备注
5	原料粉磨与废气处理	辊式磨，生产能力为400t/h(磨损后)	1	3800	64.0	
		高温风机，风量为860000m³/h	1	2800	90.4	
		原料磨风机，风量为900000m³/h	1	3550	64.0	
		窑尾静电收尘器，处理风量为900000m³/h 烟气温度120～150℃ max 350℃，入口含尘量≤80g/m³ 出口含尘量≤50mg/Nm³	1	～55	90.4	
		窑尾静电收尘器废气排风机，风量为950000m³/h	1	800	90.4	
6	烧成系统	旋风预热器带分解炉，生产能力为4500t/d，C1-4×ϕ5.0m，C2-2×ϕ6.9m，C3-2×ϕ6.9m，C4-2×ϕ7.2m，C5-2×ϕ7.2m，分解炉：ϕ7.5×30m	1		90.4	
		回转窑规格：ϕ4.8×74m，生产能力：4500t/d	1	630	90.4	
		控制流篦式冷却机，型号：NC39325 生产能力为4500t/d，入料温度为1400℃，出料温度为65℃＋环境温度	1	410	90.4	
		窑头电收尘器，处理风量为600000m³/h 烟气温度为250℃，入口含尘量≤30g/m³ 出口含尘量≤50mg/m³	1		90.4	
		窑头电收尘器废气排风机，风量为620000m/h，压力为3400Pa	1	800	90.4	

续表

序号	项目名称	主机型号、规格	台数	装机容量/kW	年利用率/%	备注
7	煤粉制备	型号：ϕ3.8m×(7.25+3.5)m，生产能力为38t/h，出磨粒度为88μm筛余5.5%	1	1400	60.4	
8	水泥粉磨	水泥磨ϕ4.2m×11.5m，联合粉磨能力为140t/h，入磨物料粒度≤3mm出磨成品细度为320m^2/kg	2	2800	65.2	
		辊压机CLF140-65	2	500x2	65.2	
		O-Sepa选粉机N-3000(改进型)	2		65.2	
		袋式收尘器，风量为180000m^3/h，进口含尘量<1000g/m^3，出口含尘量≤30mg/m^3	2		65.2	
		离心通风机，风量为200000m^3/h	2	630	65.2	
9	水泥包装	八嘴回转式包装机，单袋重量误差为-0.2～0.6kg，10袋重量平均误差为-80～240g，生产能力为100t/h	2		30.8	

(2) 余热发电系统设备

余热发电系统主要由窑尾SP余热锅炉系统、窑头AQC余热锅炉系统、汽轮发电机系统三系统组成，主要技术参数如下。

① 4500t/d 窑尾 SP 余热锅炉主要技术参数

废气流量	380000m^3/h
废气进口温度	330℃
废气出口温度	225℃
废气侧阻力	<800Pa
锅炉蒸发量	25.109t/h
蒸汽出口压力	1.18MPa
蒸汽出口温度	300℃

② 4500t/d 窑头 AQC 余热锅炉主要技术参数

废气流量	220000m^3/h
废气进口温度	360℃
废气出口温度	115℃
气侧阻力	<800Pa
过热蒸汽流量	18.426t/h
过热蒸汽压力	1.18MPa
过热蒸汽温度	330℃
省煤器给水温度	42℃

③ 汽轮发电机组主要技术参数

主蒸汽压力（绝压）	1.05MPa
主蒸汽温度	310℃
额定功率	9000kW
汽轮机转速	3000r/min
排气压力	0.006MPa
发电机转速	3000r/min
发电机功率	9000kW
发电机电压	10.5kV

4. 原辅材料消耗情况

表 9-3 为水泥生产线物料消耗情况。

表 9-3　水泥生产线物料消耗情况表

物料名称	配比/%	水分/%	消耗定额/(kg/t 熟料)		物料平衡(带 1%生产损失)					
					干基/t			湿基/t		
			干基	湿基	每小时	每天	每年	每小时	每天	每年
石灰石	80.81	2.00	1220.31	1245.22	228.81	5491.41	1812164	233.48	5603.48	1849147
砂页岩	14.48	15.00	218.66	257.25	41.00	983.98	324714	48.23	1157.63	382016
铁矿砂	1.57	12.00	23.71	26.94	4.45	106.69	35207	5.05	121.24	40008
河砂	3.14	10.00	47.42	52.69	8.89	213.38	70415	9.88	237.09	78238
生料			1510.10		283.14	6795.45	2242500			
石膏		3.00			10.31	247.35	81624	10.62	255.00	84149
粉煤灰		1.50			23.68	568.43	187583	24.05	577.09	190439
石灰石		1.00			8.24	197.88	65299	8.33	199.88	65959
熟料					187.50	4500	1485000			
商品熟料					25.25	606.06	200000			
水泥(A)	80.00				161.62	3878.79	1280000			
水泥(B)	20.00				40.40	969.70	320000			
水泥总量					202.02	4848.48	1600000			
烧成用煤		10.00	135.47	150.52	25.40	609.62	201175	28.22	677.36	223528

注：1. 窑年转率，330d；2. 理论料耗，1.495kg/kg；3. 燃料热值，22137.4kJ/kg；4. 烧成热耗，2969kJ/kg。

5. 物料平衡

图 9-2 为项目生产线物料平衡图。

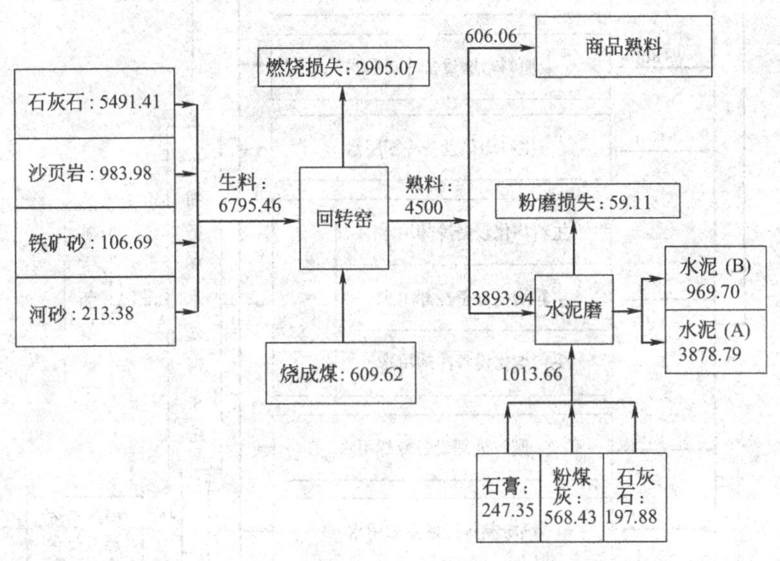

图 9-2 项目生产线物料平衡图（单位：t/d）

6. 水平衡

（1）水源

项目生产、生活及消防用水取自西江，在江边设有取水泵站和给水处理设施。

（2）生产用水量

本项目生产总用水量为 97608m³/d，其中生产线总用水量为 10440m³/d，余热发电站总用水量为 86448m³/d。

本项目生产总新鲜水消耗量为 2741m³/d，其中生产线新鲜水消耗量为 581m³/d，余热发电站新鲜水消耗量为 2160m³/d。生产线循环冷却水量为 9859m³/d，循环系统循环率为 94.4%。余热电站循环冷却水量为 84288m³/d，循环系统循环率为 97.6%。

另外，消防后将连续两天补充消防用水，每日补充量为 270m³/d。

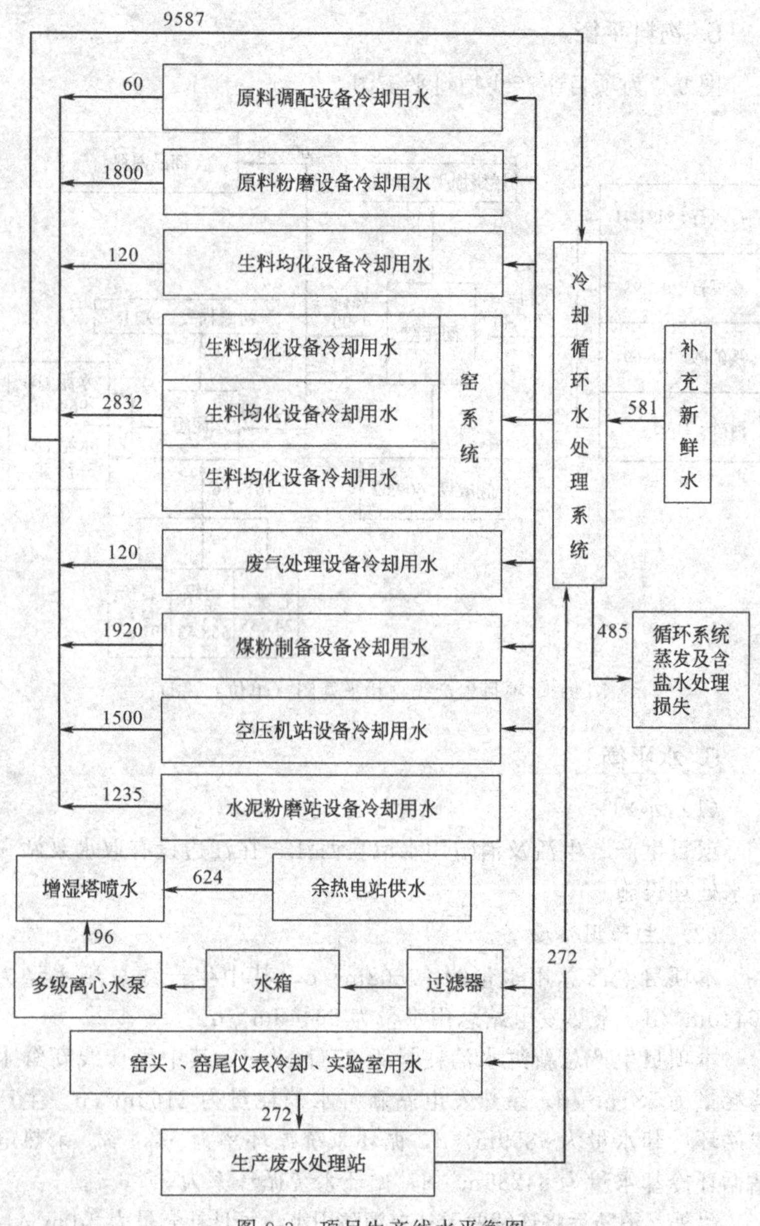

图 9-3 项目生产线水平衡图

（3）生活及辅助生产用水量

本项目生活区设在江口镇，不在本项目评价范围。其中常驻厂区120人，白天厂区总人数为150人。所以生活用水量为31.5m^3/d，绿化及道路冲洗总用水为100m^3/d。

（4）排水

本项目生产废水、生活污水均处理后循环使用，无废水外排。锅炉用水净化含盐水属于清净下水，不纳入废水统计，可直接用于

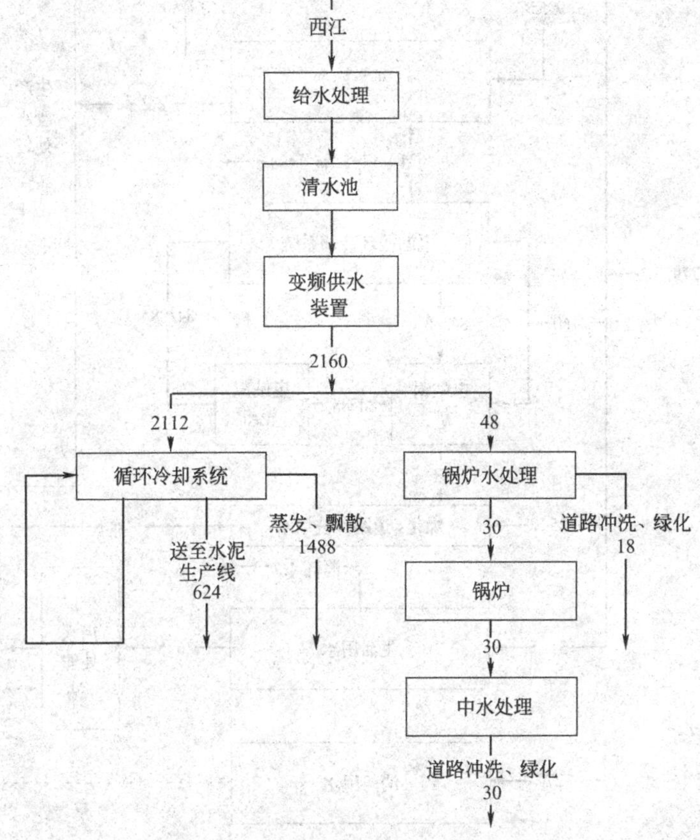

图9-4　余热电站水平衡图（单位：m^3/d）

注：余热电站新增的生活污水为计入全厂生活污水部分。

绿化等。

项目生产线水平衡图见图 9-3，余热发电系统水平衡图见图 9-4，全厂水平衡图见图 9-5。

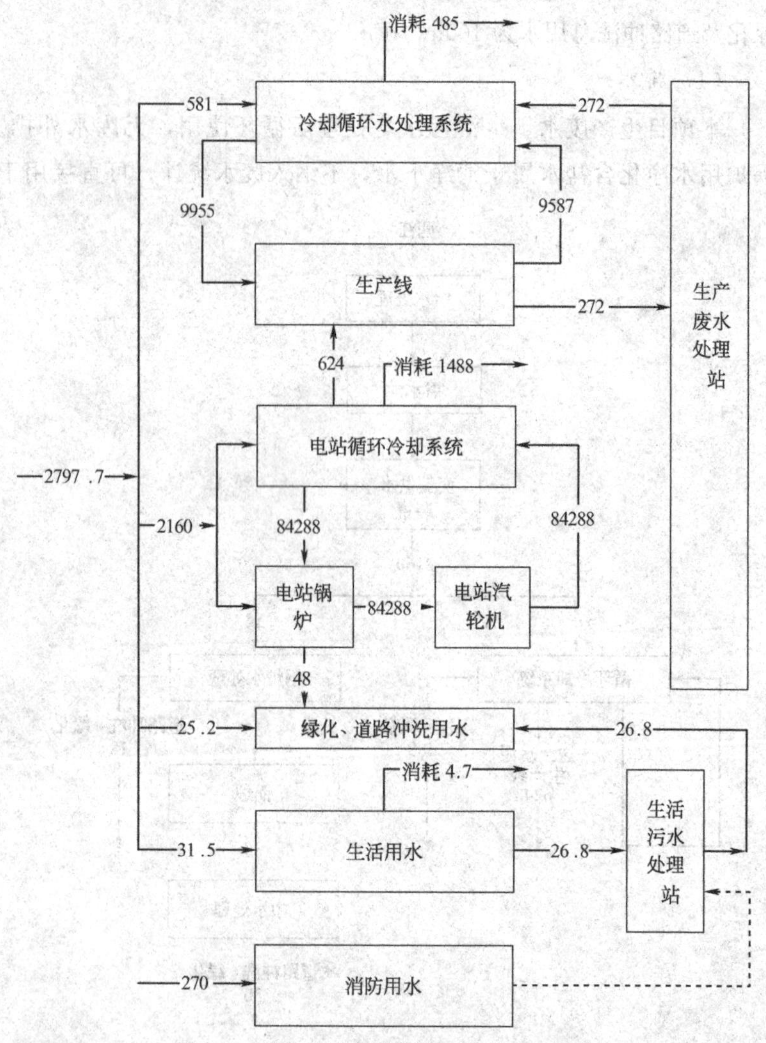

图 9-5 项目全厂水平衡图（单位：m^3/d）

注：消防用水为消防后每天的补充量。

7. 污染源分析

(1) 大气污染源分析

① 生产线大气污染源特征分析　主要污染源和污染因子如下。

A. 在铁粉、石灰石、石膏、砂页岩、混合材、燃料煤等原辅料卸车及储存（露天储存）过程，会产生扬尘。

B. 上述原辅料在破碎过程，会产生粉尘。

C. 生料磨、选粉机、煤磨、水泥磨等作业时，产生粉尘。

D. 旋窑的窑尾和窑头（包括窑尾预热、窑外分解）会产生废气。废气中主要污染物为粉尘、NO_x 和 SO_2。

根据同类水泥厂粉尘情况的类比调查，水泥粉尘粒径（未处理前）分布见表 9-4。

表 9-4　粉尘粒径分布/%

粒径/μm	0～10	10～40	40～70	>70
熟料粉尘	20.2	64.7	4.6	10.5

水泥熟料烧成过程中，燃料中的硫一部分将进入水泥熟料和窑灰中，如煤中硫酸盐，燃烧中生成的 SO_2 将与主料中的 $CaCO_3$、CaO 等发生反应生成亚硫酸盐，从而降低了窑尾废气中 SO_2 的含量。

另外，本项目采用的新型干法生产工艺中，采用了悬浮热型的窑尾预热器。生产过程中原料粉末从加热机的最上段投入，在与排气筒相连接的旋风机内，原料与排气呈悬浮状态接触，通过接触进行热交换并发生如下脱碳酸反应：

$$CaCO_3 \longrightarrow CaO + CO_2 \uparrow$$

$$CaO + SO_2 + \frac{1}{2}O_2 \longrightarrow CaSO_4$$

通过这个反应，SO_2 几乎全部在窑尾预热器被原料吸收。也就是说，悬浮预热器不仅是热交换机，同时也是脱硫设施。

因此，采用新型干法制造水泥，燃料燃烧中产生 SO_2 有 95%以上可以被除掉。

本项目排放的 NO_x 主要产生于窑内燃料的高温燃烧。它的生成量与燃料量、燃烧温度、含氧量及反应时间有关，窑内温度高、燃料量多、通风量大、反应时间长，NO_x 的生成量就多。由于窑外分解窑 50%～60%的燃料是在分解炉内低温（≤1000℃）燃烧，并且采用三通道喷煤燃烧器，窑内过剩空气系数小，所以此种窑型 NO_x 的生成量较少。

生产线大气污染源特征分析如下：

水泥生产在物料破碎、输送、粉磨、煅烧、入库等过程中均有粉尘产生，这其中主要是原料粉尘、煤粉尘，为有组织排放方式。生产线有组织排放点 51 个，废气排放总量为 1763509m^3/h，粉尘经除尘处理后排放量约为 43.7476kg/h。

物料的输送采用全封闭式传送带，则在输送过程中没有无组织排放产生。物料装卸过程均在封闭的室内进行，同时采用密闭方式收集粉尘。各原辅料堆场均是上有遮盖四周除输送通道敞开外的半封闭式棚，并安装有自动洒水装置，防止扬尘到达界外。本项目厂界与生产线（含堆场）之间有足够的缓冲距离，所以本项目无组织排放的粉尘不会到达厂界以外。

为有效控制各产尘点粉尘的排放，本工程将采取以防为主的方针，在工艺设计上尽量减少扬尘环节，选择扬尘小的设备；粉状物料输送采用螺旋输送机等密闭式输送设备，对于需皮带机输送的物料采用密封式，并尽量降低物料落差，减少粉尘外逸；粉状物料储存采用密闭式圆库，最大限度减少粉尘的产生。本项目全部有组织排放点均设置了袋式除尘器或电除尘器，经处理后外排废气均能够达标排放。

本项目 SO_2、NO_x 的排放源主要是回转窑尾烟囱。SO_2 主要由水泥原料和燃料中的单质硫、硫化物的氧化或分解产生。窑系统中产生的大部分 SO_2 被物料中的氧化钙和碱性氧化物吸收形成硫酸钙及亚硫酸钙等中间物质而进入熟料。本项目采用的窑外分解窑，由于物料与气体充分接触，吸硫效果更为明显，吸硫率可达96%，所以窑尾 SO_2 实际排放量很少。据可研报告，本项目窑尾废气中 SO_2 排放浓度约为 50mg/m^3，排放量 42.5kg/h。

本项目 NO_x（其中 NO 约占 90%）主要产生于窑内高温煅烧过程，预分解窑由于约 60%的煤加到了燃烧温度较低的分解炉中，因此 NO_x 的产生量较低，在新型干法工艺中分解炉具有很大的可调节性，可以处置回转窑内产生的绝大部分 NO_2。据可研报告及广西贵港同类项目实测结果，本项目窑尾废气中 NO_x 的排放浓度约 550mg/m^3，NO_x 排放量 301.72kg/h。

本项目采用新型干法回转窑（旋窑）生产水泥熟料，与立窑等传统方法相比，烟气中几乎不含氟化物。根据投资方建设的同类项目实际验收监测结果，窑尾烟气氟化物均未检出。

水泥生产线大气污染源强统计见表 9-5。

此外，生产线无组织排放的污染物产生于露天堆场上原燃料的装卸及储存，扬尘的大小与物料的粒度、密度、落差、湿度和风向、风速等诸因素有关。工程中无组织排放的污染源主要来自以下方面。

A. 辅料及煤粉灰等汽车装卸过程中产生的无组织排放；

B. 辅料及煤粉灰等堆存过程中产生的无组织排放。

根据同类项目初步估算，本项目无组织排放的粉尘为 108t/a，均落在厂区用地范围内，不会影响厂区周围环境。

② 生活大气污染源特征分析　项目二期建成后有 150 个员工在食堂用餐，根据《企业环境统计实用手册》中的有关液化石油气排放系数计算，液化石油气量为 2.39kg/m^2，燃烧产生的污染物排放系数为 SO_2 6.3kg/万立方米、TSP 3.523kg/万立方米；按平均每人每月使用 5kg 液化石油气计算，项目的液化石油气使用量为 9t/a，燃料燃烧产生的大气污染物排放量为 SO_2 2.37kg/a、NO_x 6.9kg/a、TSP 1.3kg/a。可见液化石油气为清洁能源，排放的污染物浓度远低于排放标准。

表 9-5 水泥生产线大气污染源强

序号	系统名称	风量或烟气量		排气温度/℃	排气筒		粉尘							班制	SO_2		NO_2	
		(m^3/h)	(m^3/h)		H/m	ϕ/m	产生浓度/(g/m^3)	除尘器形式	台数	除尘效率 设计工矿	除尘效率 一般工矿	排放浓度/(mg/m^3)	排放量/(kg/h)		排放浓度/(mg/m^3)	排放量/(kg/h)	排放浓度/(mg/m^3)	排放量/(kg/h)
1	石灰石预均化堆场	5000×2	4630×2	常温	10	0.30	12	袋式	2	99.9%	99.9%	25(30)	0.232	三				
2	辅料预均化堆场	6000×2	5556×2	常温	10	0.35	12	袋式	2	99.9%	99.9%	20(30)	0.222	三				
3	原料配料站	11320×3	10483×3	常温	25	0.45	8	袋式	3	99.9%	99.9%	15(30)	0.472	三				
		5000×1	4630×1	常温	15	0.30	8	袋式	1	99.9%	99.9%	15(30)	0.069	三				
4	原料粉磨及废气处理	850000×1	548582×1	150	105	4.20	41	静电	1	99.9%	99.8%	45(50)	24.686	三	50	42.5	550	301.72
		6000×1	5556×1	常温	35	0.35	12	袋式	1	99.9%	99.9%	25(30)	0.139	三				
5	生料均化库及生料入窑	13848×1	11353×1	60	65	0.50	10	袋式	1	99.9%	99.8%	18(30)	0.204	三				
		11320×1	9280 ×1	60	10	0.45	10	袋式	1	99.9%	99.9%	18(30)	0.167	三				
6	烧成窑头冷却	580000×1	302753×1	250	30	3.40	18	静电	1	99.9%	99.6%	5(50)	1.514	三				
7	熟料储存及输送	20088×1	16469×1	60	45	0.70	50	袋式	1	99.9%	99.9%	29(30)	0.478	三				
		11160×3	9149×3	60	10	0.45	12	袋式	3	99.9%	99.9%	25(30)	0.686	三				
		8930×1	7321×1	60	10	0.42	12	袋式	1	99.9%	99.9%	25(30)	0.183	三				
8	熟料汽车散装	22230×2	19389×2	40	25	0.72	10	袋式	2	99.9%	99.9%	25(30)	0.969	一				
9	煤粉制备及输送	120000×1	92805×1	80	30	1.50	50	袋式	1	99.9%	99.6%	22(50)	2.042	三				
		4000×1	3704×1	常温	15	0.28	12	袋式	1	99.9%	99.9%	20(30)	0.074	三				

续表

序号	系统名称	风量或烟气量		排气温度/℃	排气筒		粉尘							班制	SO_2		NO_2	
		(m^3/h)	(m^3/h)		H/m	ϕ/m	产生浓度/(g/m^3)	除尘器形式	台数	除尘效率		排放浓度/(mg/m^3)	排放量/(kg/h)		排放浓度/(mg/m^3)	排放量/(kg/h)	排放浓度/(mg/m^3)	排放量/(kg/h)
										设计工矿	一般工矿							
10	石膏破碎及输送	16740×1	15502×1	常温	15	0.60	12	袋式	1	99.9%	99.9%	18(30)	0.279	一				
11	粉煤灰储存及计量	8928×1	8268×1	常温	30	0.42	12	袋式	1	99.9%	99.9%	20(30)	0.165	三				
12	水泥配料及输送	11160×3	9149×3	60	30	0.45	37	袋式	3	99.9%	99.9%	20(30)	0.549	三				
		7000×2	5739×2	60	15	0.40	20	袋式	2	99.9%	99.9%	22(30)	0.253	三				
13	水泥粉磨及输送	240000×2	185609×2	80	40	2.20	21	袋式	2	99.9%	99.6%	17(30)	6.311	三				
		13390×2	10355×2	80	40	0.50	15	袋式	2	99.9%	99.9%	20(30)	0.414	三				
		5000×2	3867×2	80	20	0.30	15	袋式	2	99.9%	99.9%	20(30)	0.155	三				
14	水泥储存及散装	11160×6	9734×6	40	46	0.45	30	袋式	6	99.9%	99.9%	20(30)	1.168	三				
		9000×4	8334×4	常温	10	0.42	20	袋式	4	99.9%	99.9%	20(30)	0.667	二				
15	水泥包装及袋装水泥出厂	26800×2	24818×2	常温	20	0.80	28	袋式	2	99.9%	99.8%	19(30)	0.943	二				
16	熟料船运散装	11160×1	10335×1	常温	15	0.45	20	袋式	1	99.9%	99.8%	18(30)	0.186	一				
		8930×2	8270×2	常温	15	0.45	20	袋式	2	99.9%	99.8%	15	0.248	一				
17	水泥船运散装	13390×1	12400×1	常温	15	0.50	20	袋式	1	99.9%	99.9%	22	0.273	二				
合计		2541984	1763509										43.748					

本项目厨房共设有3个炉头。油烟废气排放量按每个炉头产生$2000m^3/h$，厨房烹饪时间每天3h计算，则每日油烟产生总量为$18000m^3/d$，年排放量为$540\times10^4m^3$（标况），油烟浓度$12mg/m^3$。该油烟经油烟净化器处理后排放。

（2）水污染源分析

本项目无废水外排。

① 生产废水产生源　旋窑水泥生产线各种磨机、旋窑和空压机等的间接冷却水，全部循环使用不外排。生产废水主要为窑头及窑尾仪表冷却过程产生的污水、实验室污水、电站锅炉用水水处理产生废水等。

② 污废水水质

A. 生活污水水质

COD：250～300mg/L；BOD_5：150～200mg/L；NH_3—N：40～100mg/L；SS：250～300mg/L。

B. 生产废水水质　本项目生产废水水质较为简单，类比同类生产线厂家排放口的监测数据，主要污染物及其浓度如下：

pH：7.3～7.8；　　COD：36.9～39.2mg/L；

BOD_5：6.4～9.5mg/L；　　NH_3—N：0.02～0.93mg/L；

石油类：5～10mg/L；　　SS：250～300mg/L。

③ 水回用　本项目的生产及生活污水共$298.8m^3/d$。其中生产线产生的$272m^3/d$废水因为水质较简单，经过生产废水处理站处理后回用于生产线的循环系统补充用水。锅炉用水净化含盐水$48m^3/d$，主要含有硫酸根等盐分，属于清净下水，可直接用于绿化及道路清洗。生活污水处理后排水$26.8m^3/d$，也回用于绿化及道路清洗。

（3）噪声污染源分析

① 噪声源类型　机械噪声：本项目各类机械设备较多，如各种磨机、空压机、风机等，存在较多的机械噪声源。

物料破碎流动噪声：各类块状辅料在破碎、物料输送过程，会存在碰撞、摩擦噪声。

② 噪声源分析　本项目厂区噪声源虽较多，但相对较为集中，只有石膏和混合材破碎点与其他噪声源相距较远。

各类机械噪声多集中在水泥生产线的原料调配及粉磨车间、煤粉制备车间、水泥粉磨和包装车间。

物料破碎和流动噪声多集中在原料准备工段，原料调配工段，水泥粉磨工段、熟料和水泥储存及输送工段。

③ 主要噪声源及源强　本项目大于 80dB(A) 的噪声源见表 9-6。

表 9-6　主要噪声源基本情况

序号	车间名称	设备名称	数量/台	噪声强度/dB	工作班制
1	石灰石预均化	堆料机	1	88	7×24
		取料机	1	88	7×24
2	砂页岩破碎	反击式破碎机	1	85	7×8
3	辅助原料预均化	侧式悬臂堆料机	1	85	7×24
		侧式刮板取料机	1	85	7×24
4	原煤预均化	侧式悬臂堆料机	1	85	7×8
		桥式刮板取料机	1	85	7×24
5	原料粉磨	辊式磨	1	120	7×24
		高温风机	1	110	7×24
		废气排风机	1	105	7×24
6	煤粉制备	煤粉制备机	1	110	7×24
7	熟料烧成	回转窑电机	1	105	7×24
		冷却机	1	105	7×24
8	水泥粉磨	水泥磨	2	105	7×24
9	其他	窑尾收尘器	1	105	7×24
		水泵	4	95	7×24
		汽轮发电机	1	110	7×24
合计			21		

从表 9-6 可以看出，本项目主要噪声源的强度在 85～120dB 之间。拟在满足工艺生产的前提下，尽可能选用低噪声设备，对高噪声的空压机等动力噪声源在进出风口加装消声器；磨机房、风机房等强噪声场或车间采用封闭式厂房，产生噪声的车间设置隔声值班室。同时对噪声设备进行减振处理，并且将强噪声源布置在远离厂界的位置。

（4） 固体废物污染源分析

项目生产线生产过程中产生的固体废物主要是各种除尘系统（包括余热锅炉预沉降、静电除尘、布袋收尘）收集到的粉尘，将分别作为各级原辅材料利用，不会外排。因此厂区的固体废物主要是生活垃圾和水处理污泥及保温废材料（耐火砖）等。厂区常住人口最多 150 人，按 1kg/(人·d) 生活垃圾量计，厂区生活垃圾为 150kg/d，54t/a。水处理污泥约 1.85t/a，废保温材料 19t/a，废机油 0.825t/a。每年共产生工业固体废物 39.14 万吨。见表 9-7 所示。

表 9-7 项目各类固体废物产生量

序号	固体废物名称	产生量/(t/a)	去向
1	除尘器回收粉尘	391306.33	回用于生产线
2	废保温材料	19	路基填土等
3	污水处理污泥(干重)	1.85	环卫部门
4	生产废水处理产生废机油	0.825	窑内燃烧
5	生活垃圾	54	环卫部门
合计		391382.005	

废保温材料主要是窑体检修时更换的耐火砖，无毒无害，可以综合利用。生产废水处理污泥不含重金属、有机毒物等成分，主要含有少量机油油污，和生活污水处理污泥一样属于一般废物，可和生活垃圾一起交由当地环卫部门统一清运并无害化处置。废机油属于危险废物，但本项目有条件在厂内无害化处理，可以回用于窑内高温燃烧。

(5) 非正常工况污染源分析

本项目水泥熟料生产线中，除熟料烧成窑尾和窑头废气处理采用电除尘器外，其余产尘点均采用袋式除尘器。

① 电除尘器事故原因分析

A. 一般般问题。粉尘比电阻太高；极板二次扬尘严重；气流分布不均匀；整流机组容量不够或工作不稳定；振打不当或振打力不足；气流速度太高。

B. 机械问题。电极未对中；阴极线扭曲或偏歪；电晕极晃动；电晕极或板积尘太多；除尘器入口管道或出口管道内积灰太多；导流叶片气流分布板积灰；灰斗、外壳或管道漏风；窜气（气流从电场上部或下部绕过电场）。

C. 运行问题。灰斗装灰太满；电场短路（断线等）；整流机组或控制部分未调整好；气流量太大，超负荷运行；粉尘浓度太高。

D. 工艺问题（燃烧不良、漏烟气等）。

② 袋式除尘器事故原因分析　袋式除尘器发生事故原因较多，具体情况见表 9-8。

③ 窑头、窑尾采用静电除尘和袋收尘效果对比　窑头、窑尾若采用袋收尘，正常工况下除尘效果虽然较好，但由于该处烟气温度较高，极容易造成布袋破损，增加事故排放的频次，非正常排放的时间增加。布袋破损后，一般将停窑 2～3 天检修，影响正常生产。

窑头、窑尾若采用静电除尘，事故排放的频次将大大降低。为了进一步降低事故排放，本项目将采用自动监控，一旦出现跳闸或断电等事故情况，将第一时间停止喂生料和煤粉，等电除尘器一切正常后再恢复正常生产。

所以为减少事故排放频次，本项目在窑头窑尾还是采用运行较为稳定的电除尘器，但严格控制事故时的生产状态，减少粉尘事故排放量。

除尘器事故排放源强估算如下。

表 9-8　袋式除尘器事故原因

现象	检查场所						
	洗尘罩吸入口	主管道	冷却装置	滤袋	吸尘器	风机电机	控制装置
1. 洗尘作用变坏	1. 粉尘，废料等堵塞 2. 阀门关闭 3. 罩与管道联接处脱离 4. 阀门开度不足	1. 管道联接处脱离 2. 粉尘、废料等堵塞 3. 因漏水堵塞联接处漏风 4. 安全阀开启 5. 因磨损、腐蚀而破损	1. 粉尘、废料等堵塞 2. 冷却能力降低 3. 因漏水堵塞	滤袋堵塞	1. 灰斗内大量积存粉尘 2. 清灰斗机构动作不良 3. 清灰斗机构发生故障 4. 安全阀开启 5. 箱体腐蚀破损	1. 转速降低 2. 电压降低 3. 叶片磨损 4. 阀门开闭不良 5. 转动带破损 6. 转动带脱落 7. 转动带滑动 8. 电机故障	1. 动作不良 2. 安全装置误动作 3. 测试仪表的设定值错误
2. 从出口冒出烟尘		分支管道开启		1. 滤袋破损 2. 滤袋脱落 3. 漏泄	花板因龟裂漏风		开关误动作
3. 主电机电流减小	同 1	粉尘、废料等堵塞	同 1	同 1	1. 灰斗内大量积存粉尘 2. 清灰机构发生故障、动作不良	同 1	同 1
4. 主电机电流增加		1. 管道脱离 2. 安全阀开启 3. 因腐蚀破损而漏入空气	1. 安全阀开启 2. 因腐蚀破损漏风	1. 滤袋破损 2. 滤袋脱落		1. 轴承破损 2. 电机破损	监测仪表的设定值有误
5. 电机转动						1. 轴承振动 2. 电机烧毁 3. 过负荷	安全装置误动作

本项目中产尘点较多，不会所有的粉（烟）尘污染源同时出现非正常排放，同时出现非正常排放的概率趋于零。

根据类比调查，当出现非正常排尘时，事故持续时间一般为5～10min。若某套除尘系统由于管理不善或机械故障导致除尘器工作不正常，该套除尘器的除尘效率一般下降20%左右。

由于窑尾烟囱排放负荷相对较大，因此选择该烟囱出现事故时的排放源强作为代表进行事故排放环境影响分析。按最坏情况保守估计，即窑尾烟囱电除尘器100%失效，持续时间为10min和30min的粉尘排放源强。该情况出现频次很少，最多一年出现一次。

窑尾电除尘器完全失灵（设计除尘效率为99.94%，一般除尘效率为94.94%）的事故持续时间以10min和30min计，则非正常排放时的源强情况见表9-12。事故排放时窑尾烟囱粉尘粒径分布情况见表9-9，可以看出粉尘粒径以大于10μm的居多，因此预测因子选择TSP，并考虑干沉积作用。其余正常排放的粉尘粒径小于10μm的占99%以上，基本可以忽略干沉积作用。

表9-9　窑尾烟气事故排放粉尘粒径分布　　单位：%

粒径/μm	0～10	10～40	40～70	>70
熟料粉尘	20.2	64.7	4.6	10.5

④ 备用发电机　本项目还设置一台1340kW柴油发电机作为本项目的保安电源，以防停电时影响生产线及各除尘设施的运行。该发电机可以满足两条生产线的生产用电需要。项目所在地区出现停电的概率极低，但每月需启动备用发电机一次，约工作1h。柴油发电机的参数见表9-10。

表9-10　备用发电机参数

制造商	深圳市赛瓦特动力科技有限公司	额定功率	1340kW·h
型号	SC1340S/560	电压	380V
油耗	245.65kg/h	电流	2029A

源强估算如下：

本项目拟设备用柴油发电机1台，发电机规格为1340kW·h。每月使用一次备用发电机计，每次使用约1h。备用柴油发电机使用0号柴油，年用柴油量为2.95t/a，类比同类型发电机排放尾气实测数据和根据计算柴油燃烧产生废气量的计算公式，本项目柴油发电机废气中产生污染物量为：SO_2 0.013t/a、NO_2 0.008t/a、烟尘0.003t/a。废气量为$3.72\times10^4m^3/a$，污染物浓度分别为：SO_2 350mg/m³，NO_2 220mg/m³，烟尘100mg/m³。年工作时间按12h计算，污染物排放速率分别为：SO_2 1.08kg/h，NO_2 0.67kg/h，烟尘0.25kg/h。

⑤ 点火时非正常工况排放源强　建设工程建成投产点火或窑停窑检修后重新点火，需对窑体进行烘干，一般为一年一次。一般多采用燃烧柴油烘干窑体。在烘干窑体的初始阶段由于窑内温度较低，不能启动电收尘器。但此时不进行生产不需投加物料，排放的污染物为燃油产生的烟气，其主要污染因子为烟气的林格曼黑度、SO_2、NO_x。

干法窑点火时先用柴油燃烧进行点火升温，耗油量约每小时300L。如果是新窑或是经大修后的窑点火时，窑内较为潮湿，用时相对较长。需先用油燃烧升温约30min，然后开始喷煤粉进行油煤混合燃烧，待窑尾烟室温度达到500℃时，停止用油，转为煤粉单一燃烧，共用时间约为1h。如果是回转窑小修或短时间停窑后需点火升温时，先点燃柴油进行燃烧，随即开始喷煤粉进行油煤混合燃烧，也是待窑尾烟室温度达到500℃时，停止用油，转为煤粉单一燃烧升温，直至符合温度要求时（约550℃）即进行投入生料，此时电除尘器启动运行。以窑体烘干时间约为60h，燃油参数为0.5～1.0m³/h计，总计投油量约为50m³/次，SO_2排放量按柴油的含硫量0.5%计算，每条窑每次点火时SO_2排放量约7kg/h，总计420kg/次。每年点火以2次计，则SO_2的排放量约为0.84t/a。

(6) 污染物排放情况汇总

项目污染物产生与排放情况见表 9-11。

表 9-11　项目污染物产生与排放情况

污染物＼工程类别	产生量	排放量
废气量/($\times 10^4 m^3/a$)	1328670	1328670
粉尘/(t/a)	391306.33	332.625
SO_2/(t/a)	336.6	336.6
NO_2/(t/a)	2389.622	2389.622
废水/($\times 10^4 m^3/a$)	9.94	0
COD/(t/a)	10.916	0
氨氮/(t/a)	2.405	0
工业固体废物/($\times 10^4 t/a$)	39.14	0
生活垃圾/($\times 10^4 t/a$)	0.0054	0
大于 85dB 主要噪声源数量/套	21	

8. 环境保护措施

水泥企业环境保护措施的重点是大气污染防治，其次是噪声污染防治和矿山生态保护。

(1) 大气污染防治措施

新型干法回转窑水泥生产项目大气污染物主要是各个环节产生的粉尘，其次是窑尾烟气中的 NO_x（主要是 NO）和 SO_2。

① SO_2 污染防治措施　窑尾烟气中的 SO_2 因参与生料的预分解加热而被生料吸收成为亚硫酸钙和硫酸钙，因此从预热分解器出来的烟气中 SO_2 浓度约在 10～150mg/m^3，已经低于排放标准允许浓度（≤200mg/m^3），不需进一步治理就可以确保达标排放。

表 9-12 10min 和 30min 事故排放污染源强

序号	系统名称	风量或烟气量		排气温度/℃	排气筒		粉尘						
		m^3/h	m^3/h		H/m	ϕ/m	产生浓度/(g/m³)	除尘器形式	台数	除尘效率	排放浓度/(mg/m³)	10min排放量/kg	30min排放量/kg
1	石灰石预均化堆场	5000×2	4630×2	常温	10	0.30	12	袋式	2	99.9%	25	0.04	0.12
2	辅料预均化堆场	6000×2	5556×2	常温	10	0.35	12	袋式	2	99.9%	20	0.04	0.11
3	原料配料站	11320×3	10483×3	常温	25	0.45	8	袋式	3	99.9%	15	0.08	0.24
		5000×1	4630×1	常温	15	0.30	8	袋式	1	99.9%	15	0.01	0.03
4	原料粉磨及废气处理	850000×1	548582×1	150	105	4.20	41	静电	1	0%	41000	3748.64	11245.92
		6000×1	5556×1	常温	35	0.35	12	袋式	1	99.9%	25	0.02	0.07
5	生料均化库及生料入窑	13848×1	11353×1	60	65	0.50	10	袋式	1	99.8%	18	0.03	0.10
		11320×1	9280×1	60	10	0.45	10	袋式	1	99.9%	18	0.03	0.08
6	烧成窑头	580000×1	302753×1	250	30	3.40	18	静电	1	99.6%	5	0.25	0.76
7	熟料储存及输送	20088×1	16469×1	60	45	0.70	50	袋式	1	99.9%	29	0.08	0.24
		11160×3	9149×3	60	10	0.45	12	袋式	3	99.9%	25	0.11	0.34
		8930×1	7321×1	60	10	0.42	12	袋式	1	99.9%	25	0.03	0.09
8	熟料汽车散装	22230×2	19389×2	40	25	0.72	10	袋式	2	99.9%	25	0.16	0.48

续表

序号	系统名称	风量或烟气量		排气温度/℃	排气筒		粉尘						
		m^3/h	m^3/h		H/m	ϕ/m	产生浓度/(g/m^3)	除尘器形式	台数	除尘效率	排放浓度/(mg/m^3)	10min排放量/kg	30min排放量/kg
9	煤粉制备及输送	120000×1	92805×1	80	30	1.50	50	袋式	1	99.6%	22	0.34	1.02
		4000×1	3704×1	常温	15	0.28	12	袋式	1	99.9%	20	0.01	0.04
10	石膏破碎及输送	16740×1	15502×1	常温	15	0.60	12	袋式	1	99.9%	18	0.05	0.14
11	粉煤灰储存及计量	8928×1	8268×1	常温	30	0.42	12	袋式	1	99.9%	20	0.03	0.08
12	水泥配料及输送	11160×3	9149×3	60	30	0.45	37	袋式	3	99.9%	20	0.09	0.27
		7000×2	5739×2	60	15	0.40	20	袋式	2	99.9%	22	0.04	0.13
13	水泥粉磨及输送	240000×2	185609×2	80	40	2.20	21	袋式	2	99.6%	17	1.05	3.16
		13390×2	10355×2	80	40	0.50	15	袋式	2	99.9%	20	0.07	0.21
		5000×2	3867×2	80	20	0.30	15	袋式	2	99.9%	20	0.03	0.08
14	水泥储存及散装	11160×6	9734×6	40	46	0.45	30	袋式	6	99.9%	20	0.19	0.58
		9000×4	8334×4	常温	10	0.42	20	袋式	4	99.9%	20	0.11	0.33
15	水泥包装及袋装水泥出厂	26800×2	24818×2	常温	20	0.80	28	袋式	2	99.8%	19	0.16	0.47
16	熟料船运散装	11160×1	10335×1	常温	15	0.45	20	袋式	1	99.8%	18	0.03	0.09
		8930×2	8270×2	常温	15	0.45	20	袋式	2	99.8%	15	0.04	0.12
17	水泥船运散装	13390×1	12400×1	常温	15	0.50	20	袋式	1	99.9%	22	0.05	0.14
合计		2541984	1763509									3751.81	11255.44

这也是新型干法水泥回转窑的先进特点之一。

② NO_x 污染防治措施　窑尾烟气中的 NO_x 主要是空气中的 N_2 在高温窑内被氧化形成的（称为热力型 NO_x），燃料中氮燃烧也会产生少量 NO_x（称为燃料型 NO_x）。

空气中的 N_2 属于惰性气体，在950℃以下难以被氧化，在超过1000℃时开始被缓慢氧化，在超过1200℃时被氧化速度明显加快。因此，决定 NO_x 产生浓度的高低的是回转窑内反应温度。生料烧成熟料的温度要达到1200℃左右，如果能够确保窑内温度稳定在1200℃±50℃，则窑尾烟气中 NO_x 产生浓度可控制在550mg/m³以下，低于排放标准允许排放浓度（≤800mg/m³），无需进一步治理就可以确保浓度达标排放。如果能够在预热分解炉内添加富含蛋白质、氨等还原性氮的物质（例如生活污水处理污泥），则烟气中的 NO_x 可被还原为 N_2（称为脱硝作用），这样可以进一步降低窑尾烟气 NO_x 排放浓度（广东已有多家企业实践证明可以降低至300～350mg/m³左右）。

③ 有组织排放粉尘污染防治措施　水泥生产各个环节都会产生各种粉尘，其实都是原辅材料、中间产品、产品在生产过程的直接损失。因此，回收粉尘成为水泥生产减少浪费，降低污染，提高资源利用效率和经济效益的必然选择。

对于非窑内产生的粉尘（指原辅材料破碎、水泥粉磨、原辅材料及中间产品输送与储存、产品包装及分装等过程产生的粉尘），由于其温度低（<100℃），一般都采用重力降尘和布袋收尘组合方式除去废气中绝大部分粉尘，除尘效率可达99.9%以上，排放粉尘浓度可以降低至20mg/m³以下，达到规定的排放标准（≤30mg/m³）。

窑内废气分为窑尾和窑头废气两种。窑尾废气是燃料和原料高温燃烧时的产物，因此其初始温度较高（1200℃左右），在经过多级原料预热分解器利用后烟气温度降低至350℃左右。此时如果直接采用布袋除尘器除尘，则会因高温和粉尘浓度高对布袋使用寿命造成较大影响（高温易导致布袋提早老化，高粉尘浓度易造成布袋磨损穿孔)，这种情况下一般选用多级静电除尘器，除尘效率可以达到99.8%以上，排放粉尘浓度基本可以控制在50mg/m³以下。如果从预热分解器出来的窑尾烟气经过SP余热锅炉和生料磨加以余热利用，不仅降低了窑尾烟气温度，同时也使进入除尘器的粉尘浓度大大降低（余热锅炉有重力沉降除尘作用，生料磨原料烘干也有吸收大颗粒粉尘作用)，因而有利于后续尾气除尘处理采用布袋收尘器。采用布袋除尘器除尘效率可达99.9%以上，排放粉尘浓度可以确保在排放标准允许的50mg/m³以下，一般都可以达到20mg/m³左右。

窑头废气主要是煅烧成的熟料在通过篦冷机冷却时通入大量冷却空气而产生的含尘废气，温度350～450℃。一般利用一部分窑头废气作为燃料煤磨粉的烘干热源，其余的进入除尘器处理后排放(配套余热发电系统的，则先进入AQC余热锅炉系统后再进入除尘器)。因此，含有窑尾废气的煤磨除尘系统可选择布袋除尘器，除尘效率达99.9%以上，排放粉尘浓度可确保在50mg/m³以下，一般可以达到30mg/m³左右。不带余热锅炉的窑尾废气除尘系统一般选择耐高温的多级静电除尘器，带AQC余热锅炉的窑头废气则可选择布袋除尘器。

④ 无组织排放粉尘污染防治措施　水泥生产过程的原材料运输进厂、厂内交通车辆、原辅材料堆存等都会产生无组织排放的粉尘。

运输车辆产生粉尘主要是因为原辅材料散落路面随着车轮高速滚动而产生的扬尘。一般要从源头上采取密闭和覆盖运输车箱防止物料散落着手，同时对路面定期清扫和洒水两种途径来抑制道路扬尘产生。

原辅材料堆场产生粉尘主要是因为大风天气风对粉状物料吹拂而吹起的扬尘。一般主要从堆场的遮盖挡风，防止粉状原辅材料被风吹着手加以抑制。常常采用的是密闭（有进出可关闭的门）和半密闭式（无门，但有敞开式输入输出通道）堆棚来堆放原辅材料。

对于无组织排放粉尘同时还要采取设置一定距离的卫生防护范

围和大气环境防护范围来确保项目周边环境敏感目标不受影响。

(2) 噪声污染防治措施

水泥生产项目采用许多高噪声设备，最大可达 120dB 以上。因此，防止噪声污染成为水泥生产项目环境保护措施另一重要方面。

防治水泥项目噪声污染首先要从选址何布局方面避开和远离周围声环境敏感点，设置一定的噪声卫生防护距离（一般是离主要声源 200m 范围内不得有声环境敏感点）。其次要在声源噪声防护上下工夫，噪声设备安装要减振防噪，特别高噪声的设备（例如生料磨）要采取整体隔声房形式密闭隔声。另外，在从声源到声环境敏感点的传播路径上要采取隔声墙、隔声绿化带等方式消减到达敏感目标的噪声。

(3) 原料矿山生态保护措施

水泥生产项目配套原料矿山（包括石灰石矿山和黏土矿山）首先是要使矿山选址不能影响特殊生态敏感区和重要生态敏感区，其次是开采过程涉及到大面积的生态植被破坏，要注意防止因植被破坏造成严重水土流失，同时要注意对采终区及时采取绿化修复措施，补偿开采过程的生物量损失。一般要求对开采过程产生的废土石采取综合利用或合理堆放的形式，防止水土流失，并采取分层开采、边开采边绿化修复的方式尽快恢复采终区的生物覆盖，再造生态景观和恢复土地肥力功能。

配套矿山开采过程同时也要注意采取防止粉尘、噪声污染及爆破安全防护的相关措施。

(4) 水泥生产固体废物综合利用

水泥生产过程产生的固体废物绝大部分是除尘系统收集下来的粉尘，它们都可以回用到各自生产过程的原料或产品中。

机修过程产生少量废矿物油（废机油）可以随煤粉一起喷射到高温窑内作为能源燃烧。

窑体检修换下来的废保温材料（耐火砖）可以作为一般建筑材

料加以利用。

（5）*废水处理后回用，水污染物“零排放”*

水泥生产项目生产过程产生的废水绝大部分可以处理后循环利用到生产线，只有少量除盐废水排放。除盐废水可以和处理后的生活污水一起排入生物净化塘备用。

水泥生产项目产生的废水主要是生产办公人员的生活污水，一般可以经地埋式无动力生化处理系统处理后排入生物净化塘备用。

生物净化塘通过养鱼、种植水生观赏花卉等方式吸收利用处理后废水中的少量氮、磷、钾、钙、镁等营养物质。塘内清水可以作为厂区道路洒水、绿化灌溉用水和消防备用水等水源加以综合利用。从而实现整个项目的废水“零排放”。

思考与练习

1. 简述新型干法回转窑水泥生产的主要工艺流程及产污环节。

2. 水泥生产项目的粉尘有哪些主要的治理措施？

3. 为了开展本案例中的污染源分析工作，需要向建设单位搜集哪些基础资料和数据？

主要参考文献

[1] 国家环境保护总局影响评价工程师职业资格登记管理办公室．社会区域类环境影响评价［M］．北京：中国环境科学出版社，2007.

[2] 王玉彬．大气环境工程师实用手册［M］．北京：中国环境科学出版社，2003.

[3] 马大猷．噪声与振动控制工程手册［M］．北京：机械工业出版社，2002.